DVD……方

付属のDVDには音声付きの動画が収録されています。この本で紹介されたご本人が登場し、つくり方、使い方などについてわかりやすく実演・解説していますので、ぜひともご覧ください。

DVDの内容 全62分

パート1

自慢の
手づくり農機具 大集合

埼玉県川島町 坂本勝男さんほか

37分

［関連記事 4、8、15、16、27、36、46、48、53 ページ］

パート2

油圧を使いこなす

群馬県渋川市 柴崎政利さん

10分

［関連記事 62 ページ］

パート3

目指せ 溶接マスター

埼玉県さいたま市 井上昌之さん

14分

［関連記事 56 ページ］

DVDの再生 付属の DVD をプレーヤーにセットするとメニュー画面が表示されます。

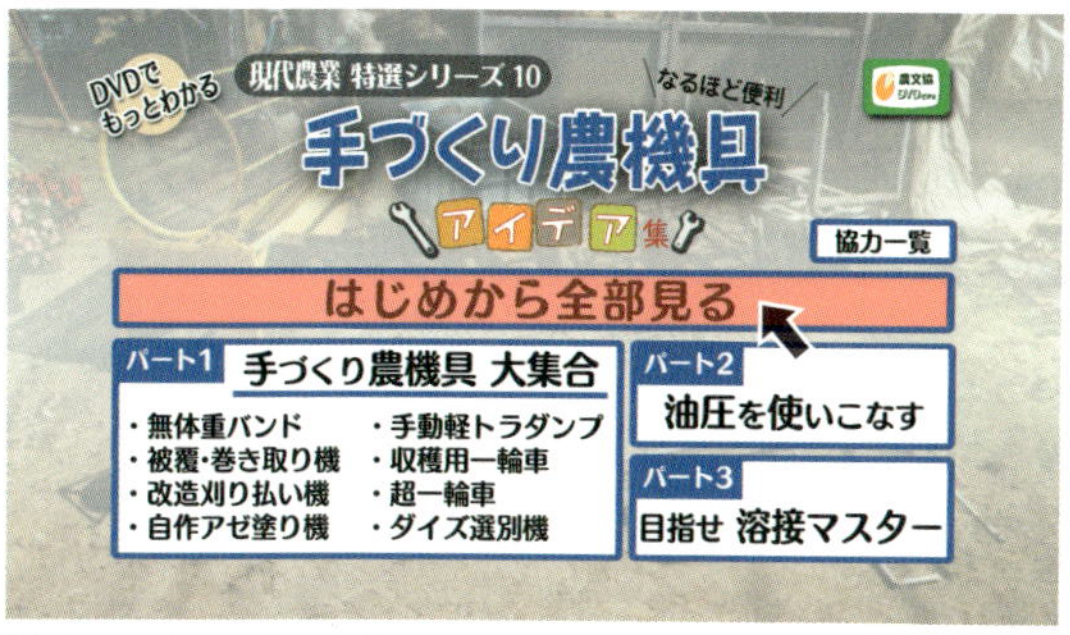

「全部見る」を選択。ボタンが赤色に

全部見る

「全部見る」を選ぶと、DVD に収録された動画（パート 1～3 全62分）が最初から最後まで連続して再生されます。

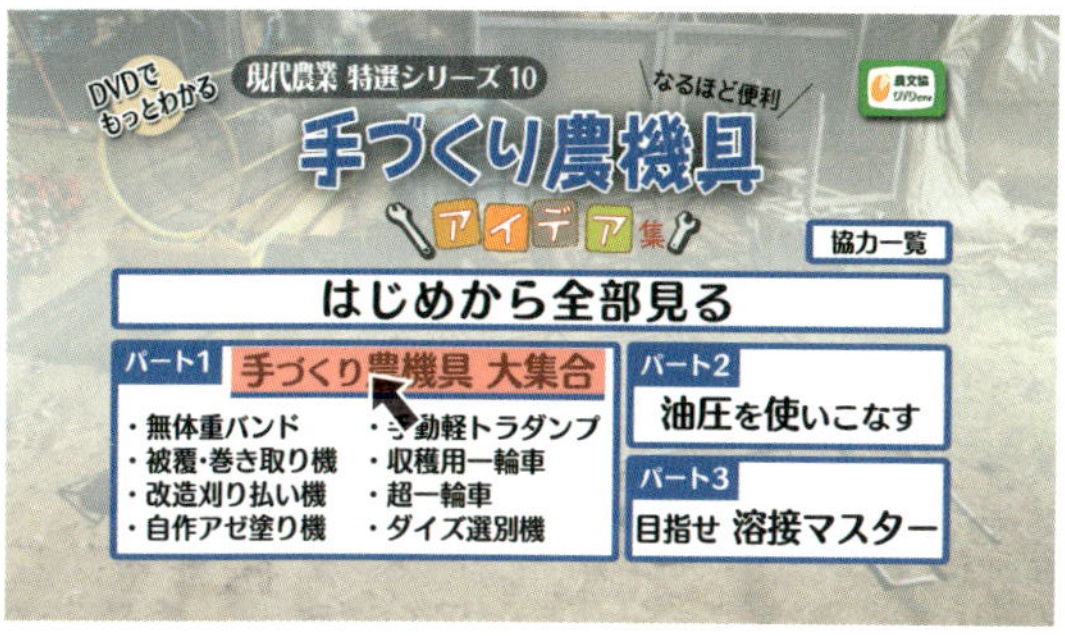

「パート 1」を選択した場合

パートを選択して再生

パート 1 のボタンを選ぶと、そのパートのみが再生されます。

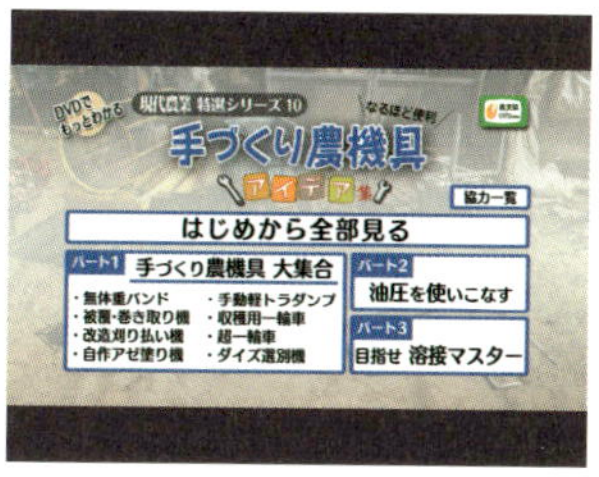

4：3の画面の場合

※この DVD の映像はワイド画面（16：9の横長）で収録されています。ワイド画面ではないテレビ（4：3のブラウン管など）で再生する場合は、画面の上下が黒帯になります（レターボックス＝LB）。自動的に LB にならない場合は、プレーヤーかテレビの画面切り替え操作を行なってください（詳細は機器の取扱説明書を参照ください）。

※パソコンで自動的にワイド画面にならない場合は、再生ソフトの「アスペクト比」で「16：9」を選択するなどの操作で切り替えができます（詳細はソフトのヘルプ等を参照ください）。

この DVD に関する問い合わせ窓口　**農文協 DVD 係：03-3585-1146**

DVDの内容と使い方 1

田畑の作業をラクに

●田んぼのラクラク農機具

肥料の飛距離が伸びる噴口と自作アゼ塗り機（滋賀・森野栄太朗さん） 4 DVD
保温マットの被覆・巻き取り器 奥山えみ子 8 DVD
田植え機への苗補給ハシゴ 周藤弘能 9
苗送りコンベア 宮澤邦夫 9
浮くチェーン除草器 滝沢篤史 10
動散付きコンバインカー 石井知治 11
自走式肥料散布機 進藤耕助 11
水位測定ライト（富山・新木善文さん） 12
アゼ波シート打ち込み器（福島・角田利夫さん） 12
米ヌカペレット製造機 影山芳文 13
釣り竿利用の防除ホース 菊地友男 14
ナイアガラ防除補助具 千葉文一 14
手押し式草刈り機 影山芳文 15 DVD

●畑のラクラク農機具

イチゴの収穫に無体重バンド 坂本勝男 16 DVD
散水ホースのアタッチメント（大阪・野出良之さん） 18
育苗ポット土入れ器（岡山・西山広視さん） 19
手押し距離測定器 久保田長武 19
セルトレイ用播種器 長井利幸 20
立ったまま播種3点セット 笠井隆志 20
立ったまま移植器 福島和宏 21
マルチ穴開け器 永田康幸 21
マルチ作業の便利道具 入江健二 22
防除タンクの吸水・攪拌装置 結城昭一 23
イチゴ収穫台車 吉永智紘 24
トマト収穫台車 小川幹夫 24
ブロードキャスタにスムーズ肥料補充 安部史郎 25
石灰防除ブロワー（愛知・小久保恭洋さん） 25
草取り爪 小山田正平 26
畑の草取り機 影山芳文 27 DVD
PTO駆動ポンプ 安藤悦美 28
ソーラーポンプ 秦秀治 28
バックホーのオリジナルバケット 横田初夫／志々目邦治 29

●トンネル・ハウスのラクラク農機具

糸巻き式トンネル開閉装置 江川厚志 30
簡易開閉式トンネル 酒井博幸 31
天井ビニール補修具（京都・山口正治さん） 31
パイプ・鉄筋打ち込み機 桑原博 32
足でパイプを刺せる 竹治孝義 32
杭抜き器 田阪和広 33
曲がったパイプを建ったまま直す（栃木・綱川仁一さん） 34

DVDでもっとわかる 現代農業 特選シリーズ10

なるほど便利

手づくり農機具アイデア集

調製 作業をラクに

ダイズ選別機（京都・堀悦雄さん） 36 DVD
押すだけ計量器 池永守 38
フレコンクーラー 横田初夫 38
米袋エアキャッチャー（京都・志賀塚身さん） 39
米袋運搬バサミ（栃木・綱川仁一さん） 40
ハンドリフター 河野充憲 40
パレット回転盤 周藤弘能／田村瑞穂 41
トマトクリーナー 内田正治 42
ニラの袋詰め器（宮崎・向江保さん） 43
切り花のスリーブスタンド 安西俊之 43
サトイモの皮むき機 渡邉智子 44
ラッカセイの殻むき具 関本隆次 44
エダマメ莢むき機 飯田哲夫 45

工作のワザ

溶接のしくみとワザ 井上昌之 56 DVD
塩ビパイプの規格、接続のコツ
塩ビパイプ利用名人・飯田哲夫さんにきく 60
油圧を使いこなす 柴崎政利 62 DVD

運搬をラクに

●夢の一輪車・運搬車
ナバナの収穫用一輪車 長谷川喜久雄 46 DVD
コンテナが落ちない一輪車（大阪・野出良之さん） 47
苗運搬用ロング一輪車 赤松権一 48
超一輪車 松本幸盛 48 DVD
楽押し 由比進 49
ドリーム・リバ輪 杉渕正人 49
自在車付き一輪車 山田衛 50
コンテナキャリー（新潟・駿河洋吉さん） 50
百華号&滑り台 清野剛 51
ダンプ式ミニ運搬車 星野明 52
コンバインダンプ 森田昭二 52

●トラックをもっと便利に
手動軽トラダンプ 坂本圓明 53 DVD
軽トラ歩み板 狩集満彦 54
トラックに簡易クレーン 安田正弘 55

DVDでもっとわかる

DVDの内容

パート1 手づくり農機具 大集合

- 無体重バンド 埼玉・坂本勝男さん
- レール式 被覆・巻き取り器 宮城・奥山えみ子さん
- 改造刈り払い機 愛媛・影山芳文さん
- 自作アゼ塗り機 滋賀・森野栄太朗さん
- 手動軽トラダンプ 愛媛・坂本圓明さん
- 収穫用一輪車 千葉・長谷川喜久雄さん
- 超一輪車 石川・松本幸盛さん
- ダイズ選別機 京都・堀悦雄さん

パート2 油圧を使いこなす 群馬・柴崎政利さん

パート3 目指せ 溶接マスター 埼玉・井上昌之さん

以上、計62分

田畑の作業をラクに

毎日わくわく、
仕事ラクラク

肥料の飛距離が伸びる噴口と自作アゼ塗り機

滋賀県長浜市・森野栄太朗さん

DVDでもっとわかる

森野栄太朗さん。ひねり雨どい噴口を片手にニッコニコ

田んぼのラクラク農機具

中学二年生から機械いじり

森野栄太郎さん（七四歳）は機械いじりがやめられない。「ご飯やで！」と奥さんに叱られたり、呆れられることもあるが、地域の人から修理を頼まれたトラクタをいじっていると、ついつい夢中になってしまう。

「もう、毎日わくわくですよ」

機械いじりは昔から大好き。中学校の理科の授業でディーゼルエンジンに興味を持ち、二年生から農機具屋通いを始めた。高校一年のときには店の主人に「ぼん（少年）、うちとこで手伝わへんか」とスカウトされ、アルバイトをスタート。その後、農機具

飛距離が伸びる

ひねり雨どい噴口

肥料が落ちたところが泡立っている。ふつうの噴口では15mしか飛ばないが、20m地点にある水口も超えた

噴口内部にはらせん状の凸凹

● 「ひねり」で肥料が遠くまで飛ぶ仕組み

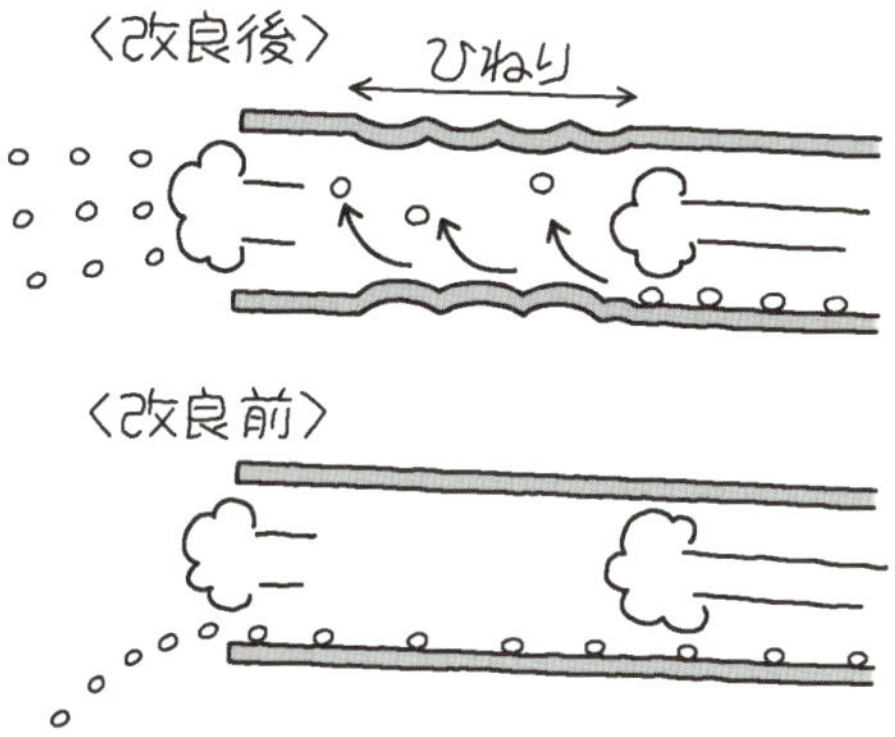

内側にできた凸凹のおかげで、肥料の粒が気流の強い中心へ押し上げられる

メーカーに四三年勤め、定年退職後には専業農家になったものの、「ちょっとしたアルバイト」と言って、自宅のライスセンターの隅で整備工場を始めた。

この工場では農機具の修理や整備のほか、要望に応じて、トラクタのポジションレバーをより持ちやすいものに交換するなど、簡単な改良もやっている。

「昔は集落ごとに農具屋さんがあったんですわ。農家の要望や事情を聞いて、いろんな道具をつくってくれた」

森野さんも、自分や地域の人の悩みを解決すべく、知恵を絞る。

飛距離が伸びるアイデア噴口

森野さんの数々のアイデア農機具。最近一番ヒットしたのは「ひねり雨どい噴口」だ。

区画整理が進んだ今では、大きな田んぼは一枚三七a（四〇m×九二m）になった。動力散布機（動散）に最初からついている噴口の飛距離は一五mほど。アゼからまくだけでは田んぼの真ん中まで届かない。熱心な人は田んぼの中を歩いて穂肥をふるが、そういう人もずいぶん減ってしまった。いっぽう、このひねり雨どい噴口なら、飛距離は二〇m。短辺が四〇mの田んぼでも、アゼから穂肥をやれるのだ。

噴口は三mの雨どい（一〇〇〇円ほど）を一・八mに切って作る。雨どいの先端から四〇cmと六〇cmのところを両手で持ち、その間をガスコンロの火であぶって軟らかくしながら、雑巾を絞る要領で、ほんの少し、クイッとひねる。噴口の内側にらせん状の凸凹ができると、前ページ図のように肥料の流れが変わり、飛距離が伸びる。

砂地でも塗れる 自作アゼ塗り機

FX335
YANMAR
MITSUBISHI
ボールジョイント
クランクアーム
ミニ耕耘機の爪軸
塗り板

ミニ耕耘機の廃品で作ったアゼ塗り機。トラクタの前輪の後ろに設置

●塗り板が動くしくみ

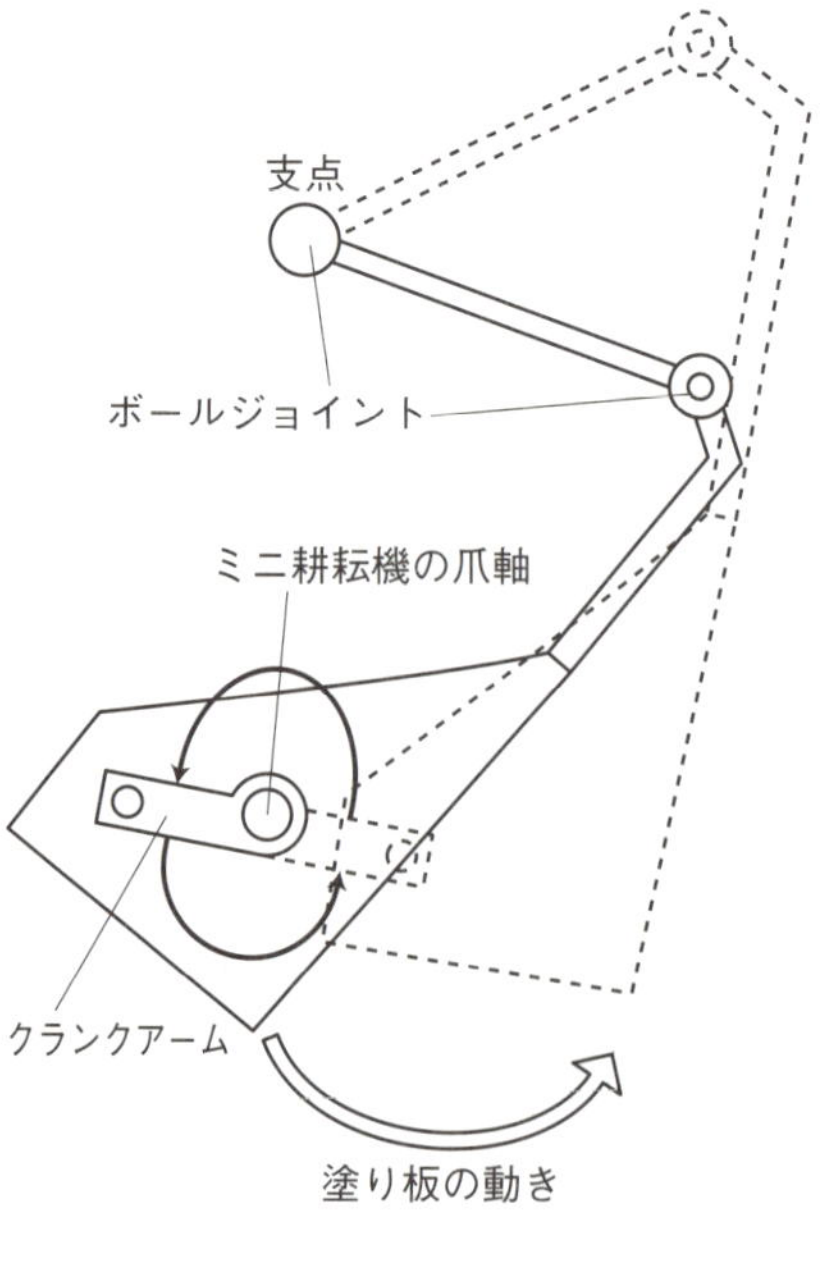
支点
ボールジョイント
ミニ耕耘機の爪軸
クランクアーム
塗り板の動き

ミニ耕耘機の爪軸（車軸）につながったクランクアームが回転すると、塗り板が上下左右に10cmずつ動く

す」

「管の中心を走る強い風に乗せられるというわけで

また、ふつうの噴口では肥料が下側に張り付くようにして直線的に飛んでいくが、凸凹に当たった肥料は放射状に拡散しやすい。肥料を均一に散布しやすいのだ。足も腕も疲れない、仕事がラク。森野さんの噴口の話を聞いた近所の人からも頼まれ、自分の分以外に三本作った。

手塗りのアゼをヒントにしたアゼ塗り機

森野さんが「構想と試行錯誤で一〇年がかり」で完成させたというのはアゼ塗り機。今主流の市販の機械は、乾いた田んぼの中を走りながら、ジョウゴを倒したようなドラムでアゼを押し固めるが、水はけのよい砂地だとうまく塗れない。そこで発想転換。手塗り時代のアゼを再現することにした。

「手塗りのアゼは水で練ってつけるから、最初はぐちゃぐちゃの泥。でも、一度乾燥するとまったく崩れない頑丈なアゼになる」

スコップのような形の踏み鋤で泥をアゼに押し付け、平鍬で形を整えた昔のアゼ。それをマネして、トラクタの前輪で泥を押し上げ（踏み鋤の役割）、前輪の後ろにつけた動力式のアゼ塗り板で形を整えていく（平鍬の役割）ようにした。アゼ塗り板の動力にはミニ耕耘機のエンジンを使っている。

ミニ耕耘機は友達からもらった不要品。それ以外の材料もほとんどタダ。それで、買うと何十万円もするアゼ塗り機ができた。

森野さんのアイデアはまだまだ尽きない。だから、毎日がワクワクなのだ。編

代かき後、田面がトロトロした泥の状態で使う。前輪がアゼのほうへ寄せた泥を、前輪後ろの塗り板でアゼに塗りつける

アゼ塗り後の様子。一度乾くと崩れない

レールをコロコロ

保温マットの被覆・巻き取り器

宮城県富谷町・奥山えみ子さん

DVDでもっとわかる

筆者と保温マット巻き取り器

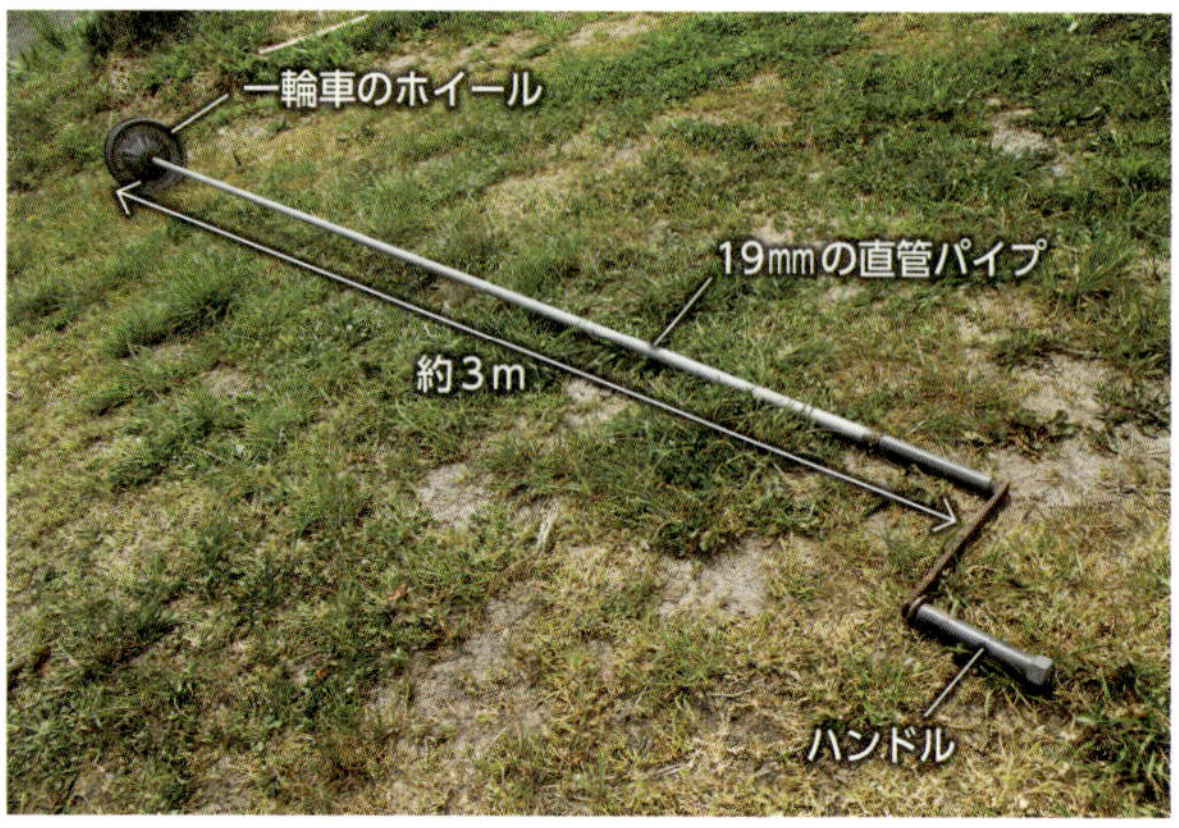

直管パイプにハンドルを取り付け、もう一方に一輪車のホイールを溶接。保温マットの一端をパイプに巻き付けてパッカーで固定する

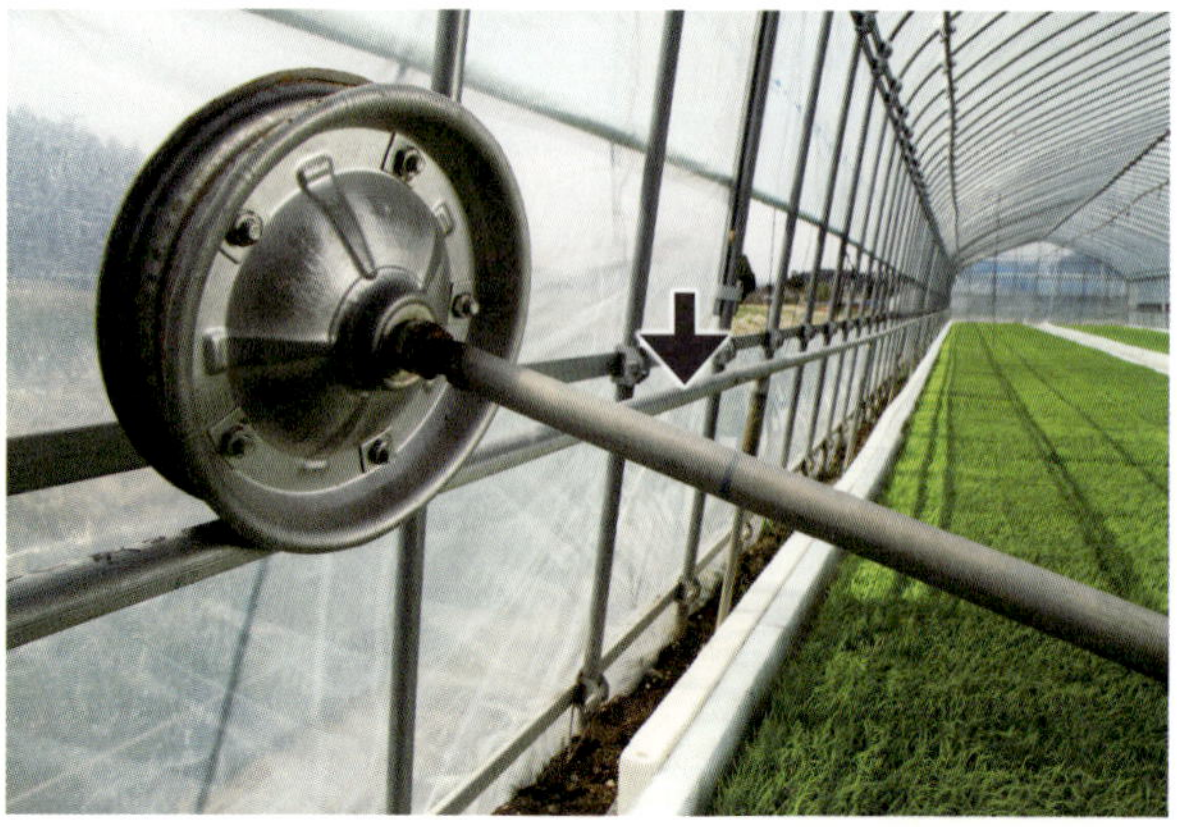

ハウスの内側側面には、ホイールを転がすレール（矢印）を水平に設置。マットは重いため、パイプの直径は25㎜以上必要。パイプの高さは作業者に合わせる

水稲の育苗初期に使用する保温用マットの巻き取り器具です。保温マットを巻き付けた器具をレールに沿って転がすだけなので、被覆も巻き取り作業も一人で簡単です。長さ三〇mのマットなら、被覆も巻き取りもそれぞれ約五分で終わるようになり、片付けも簡単になりました。また、被覆する際に苗をマットで擦ってしまい、葉先が褐色になるようなこともなくなりました。

＊二〇一三年四月号「レールをコロコロ　保温マットの被覆・巻き取り器」

田植え機への苗補給ラクラク

苗送りハシゴ

島根県東出雲町・周《す》藤《とう》弘《ひろ》能《よし》さん

田んぼに下りることなく苗箱を渡すことができる

ハシゴの上にイネの苗箱を載せると、重量と傾斜で、台についているコロ（戸車）の上を移動し、先のストッパーで止まります。傾斜のないところでも、苗箱を押してやると、軽く進みます。

作業が終われば脚立部分を折りたため、持ち運びも簡単です。

＊二〇〇二年十二月号「お母ちゃんが喜んだ苗箱送りハシゴ」

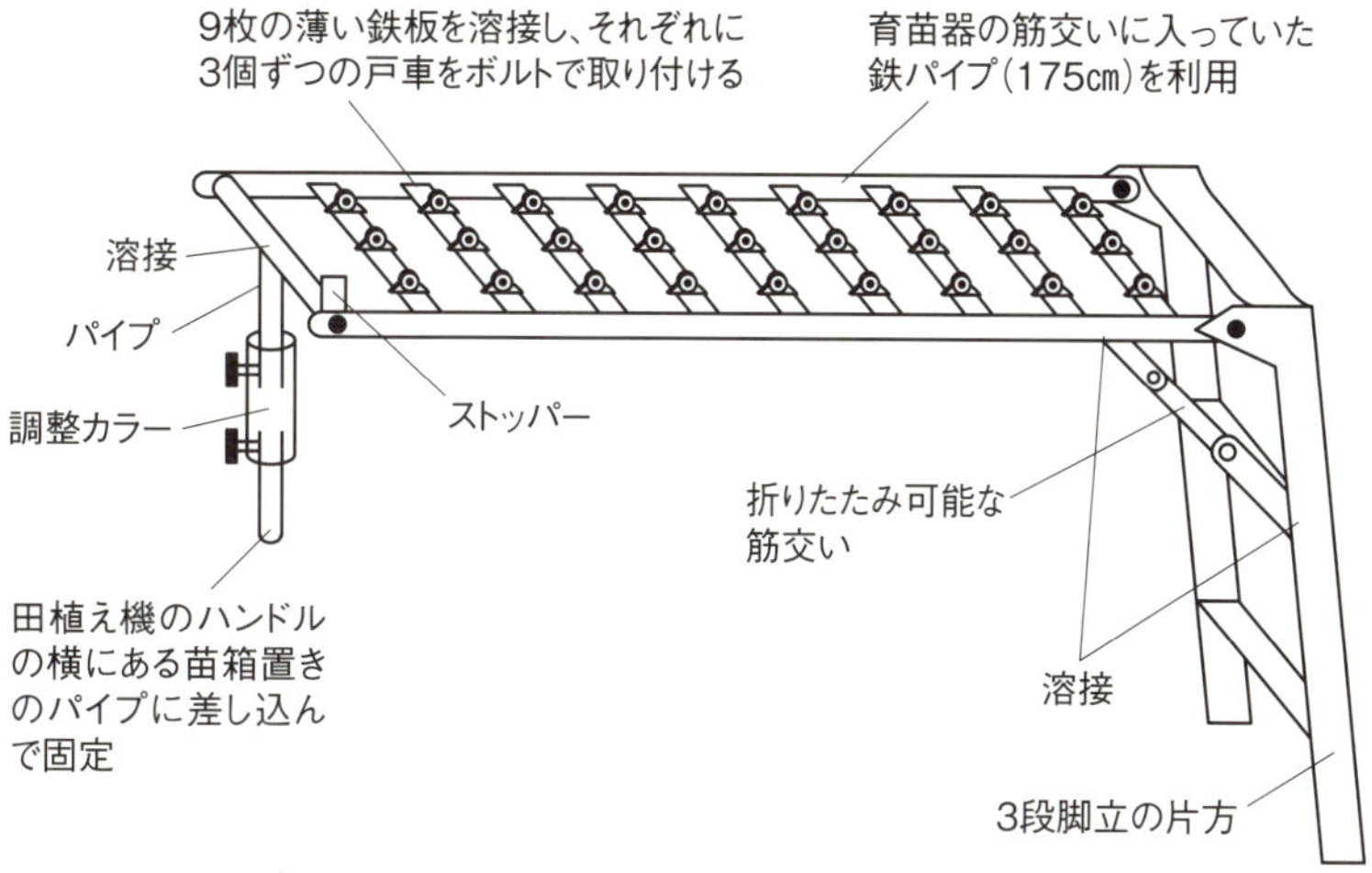
9枚の薄い鉄板を溶接し、それぞれに3個ずつの戸車をボルトで取り付ける
育苗器の筋交いに入っていた鉄パイプ（175cm）を利用
溶接
パイプ
調整カラー
ストッパー
折りたたみ可能な筋交い
溶接
田植え機のハンドルの横にある苗箱置きのパイプに差し込んで固定
3段脚立の片方

苗箱並べ、運び出しに

苗送りコンベア

新潟県十日町市・宮澤邦夫さん

不要のベルトコンベアを、苗箱の受け渡しに使える横送りコンベアに改造しました。ベルトコンベアに一輪車のタイヤを取り付け、横移動できるようにしたものです。

露地プールへの苗箱並べはもちろん、田植えの時は、ベルトコンベアの回転を逆転させ、プール内から運搬車に苗を積み込むのに使います。

＊二〇一三年三月号「水稲苗運搬車と横送りコンベア」

7000枚もある苗箱を苗床に並べるのがラクになった

高さは80cmがちょうどよい。ベルトコンベアはライスセンターのものを利用。コンベアの電源はライスセンターから引いている

軽〜く引ける

浮くチェーン除草器

長野県飯山市・滝沢篤史さん

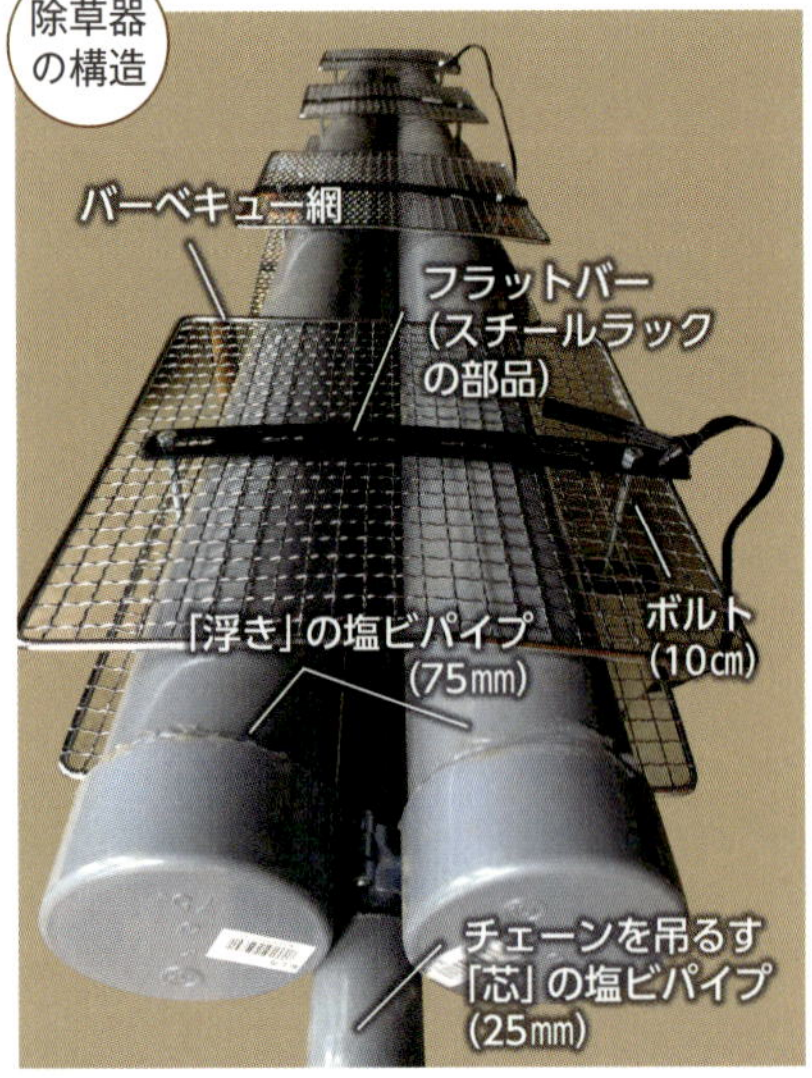

「浮き」2本と「芯」1本の塩ビパイプをバーベキュー網で挟んで、フラットバーとボルト、ナットで固定

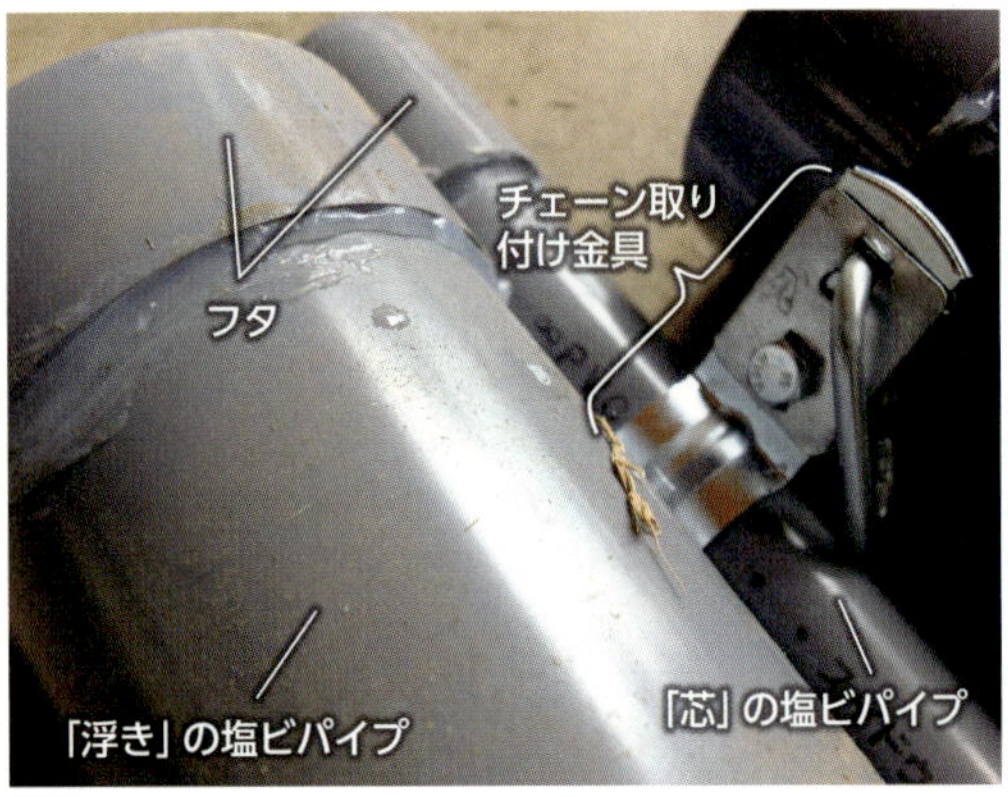

塩ビパイプの両端のフタはコーキング剤で固定し防水。「芯」の塩ビパイプには、チェーン取り付け金具を4カ所につけている

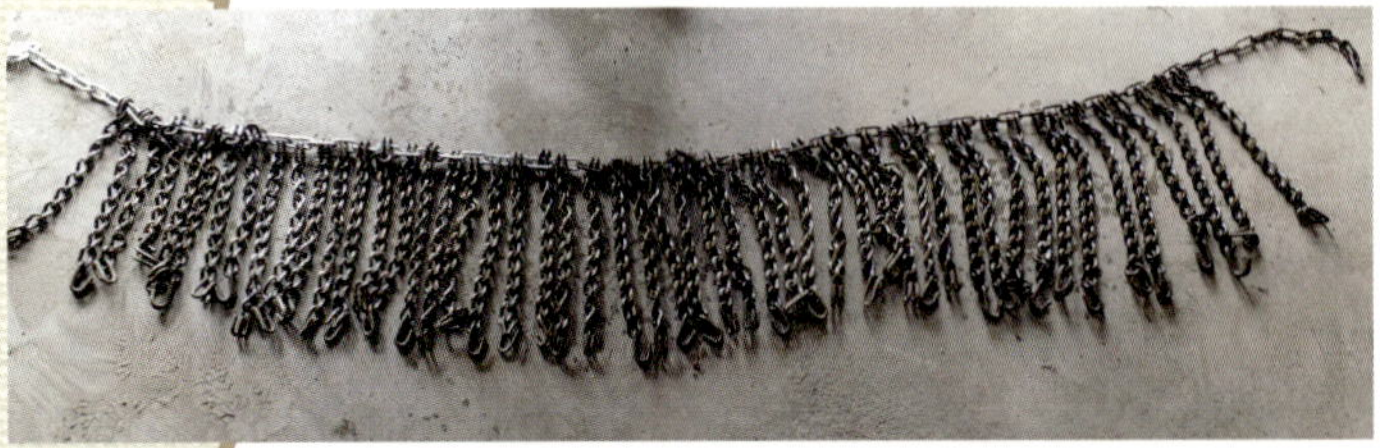

2m30㎝のチェーンに、30㎝のタイヤチェーンのコマを垂らした

是永宙《ひろし》さんの「浮くチェーン除草器をつくった」（二〇一〇年五月号）が目に留まり、自分流にアレンジしました。この除草器は水に浮かぶため、引っ張る力が少なくて済むのが特徴です。

「浮き」の部分には直径七五㎜の塩ビパイプ二本、チェーンをぶら下げる「芯」には二五㎜の塩ビパイプを使いました。これらをまとめて固定するのにはバーベキュー用の金網を使い、引っ張るヒモは濡れても苦にならないマイカー線にしました。チェーンは、いらなくなったタイヤチェーンのコマをタクシー会社から譲ってもらいました。材料費は全部で八〇〇〇円かかっていません。

この除草器を使う時は、本体が浮きやすいように一〇㎝くらい水を張ります。あとはかき残しがないように引っ張るだけです。除草後、イネはちょっと横になりますが、数日後には元に戻っています。

私の場合、除草するのは田起こしをしてから間もない時期なので、ワラやイネの株が残っていて除草器に絡みます。秋起こしをして、春先に残渣が少ない状態にすると効率が上がると思います。トロトロの田面作りが肝心だと思いました。それから、草は大きくなると取れなくなるので、初期除草を徹底すること。一週間ごとにできれば理想的です。

＊二〇一三年十一月号「浮くチェーン除草器」

元肥散布に

動散付きコンバインカー

新潟県弥彦村・**石井知治さん**

田んぼの元肥や土壌改良材の散布に、以前はサンパーを使用していました。あいにく、ブロードキャスタなどの便利な機械はウチにはなくて……。ラクにたくさんの肥料をまきたくて思いついたのがコンバインカーでした。

コンバインカーの運転と肥料散布とで二人で作業します。肥料を積んで移動するので、その場で動力散布機に補給ができる。トラクタほど田面を傷めないし、軽トラよりも安定して走れる。そして、なんたって、足腰がラク!

＊二〇一〇年十月号「なんたってラク! 動散付きコンバインカー」

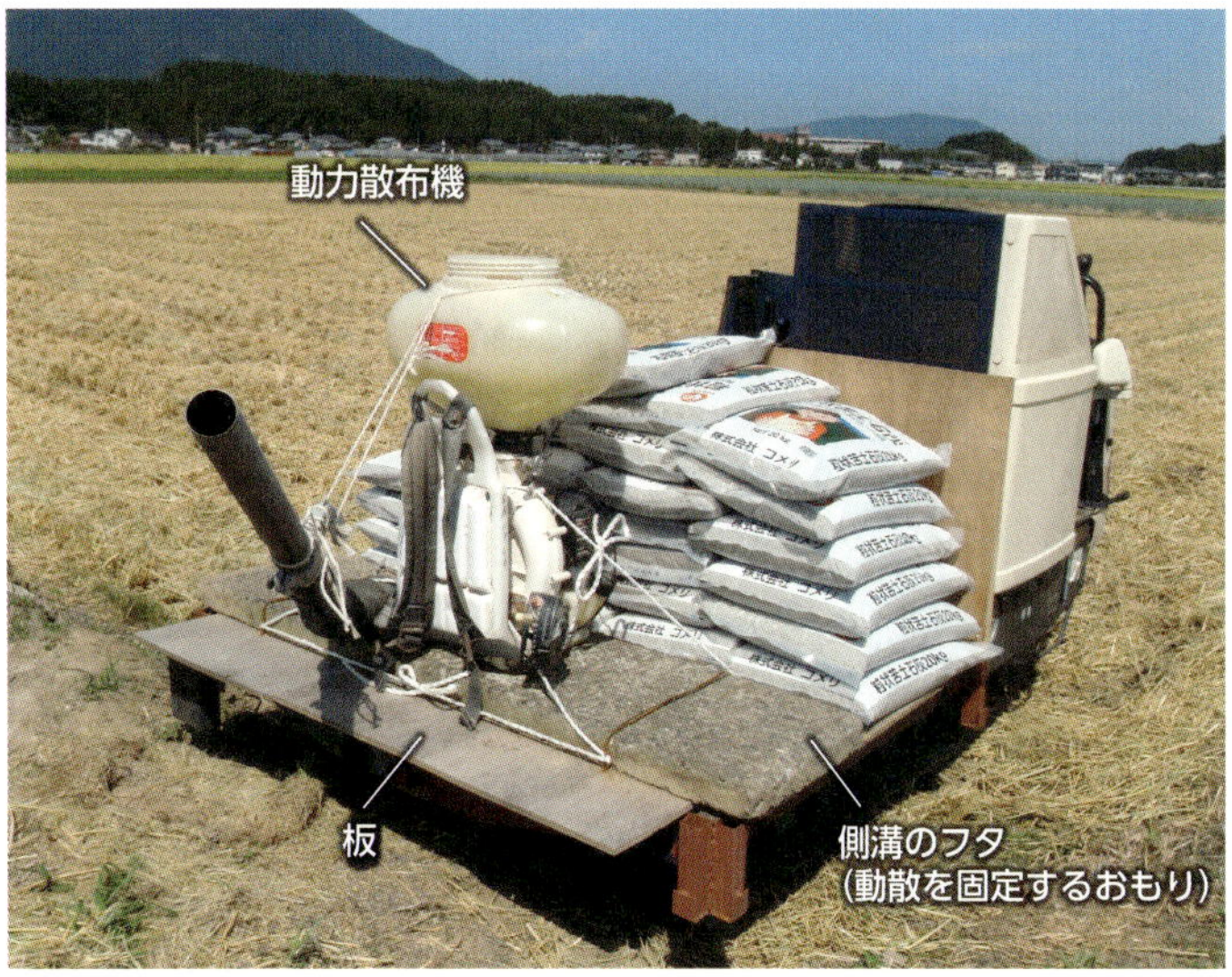
動力散布機
板
側溝のフタ
(動散を固定するおもり)

刈り取り部や脱穀部を外したコンバインに動力散布機を縛りつけた。中古の安いコンバインを機械屋さんで加工。本体と工賃で5万円くらい

大区画の追肥がラクに

自走式肥料散布機

秋田県大仙市・**進藤耕助さん**

区画整理で一ha圃場になると背負いの散布機で追肥するのが重労働になった。途中で肥料の追加が必要になるなどの支障も出てきた。そこで、捨てずにとっておいた歩行田植え機を引っ張り出し、自走式肥料散布機を作った。

手離しでも運転できるよう脚をつけたり、ムラなく散布できるようにしたりの工夫の末、作業効率は大幅に改善された。

＊二〇一一年七月号「自走式肥料散布機」

「すっとび噴頭」(丸山)を30度の角度で設置
(先端だけでなく途中にも穴がある)

手を離しても
走行できるように付けた脚

歩行田植え機に動力散布機を載せ、2本の噴頭をY字型に広げた。両側に10mずつ、20m幅を一度に散布。走行しながら手元で機体の傾きをコントロールできるように、油圧弁の延長レバーを設置

機体前方に肥料
が広がるように
付けた金具

噴口だけでは機体前方の4mほどの幅にうまく散布できなかったので、肥料が前方に飛び出すように穴を開け、肥料を拡散させる金具を取り付けた

ピカッとお知らせ

水位測定ライト

富山県砺波市・新木善文さん

ホームセンターで三〇〇円で買ったソーラーライト（タカショー製）を改造。田んぼにある程度水が溜まるとLEDがピカッと光って知らせてくれる。田んぼごとにLEDの色を変えると、どの田んぼに水が溜まったかがひと目でわかる。編

＊二〇一四年七月号「ピカッとお知らせ　水位測定ライト」

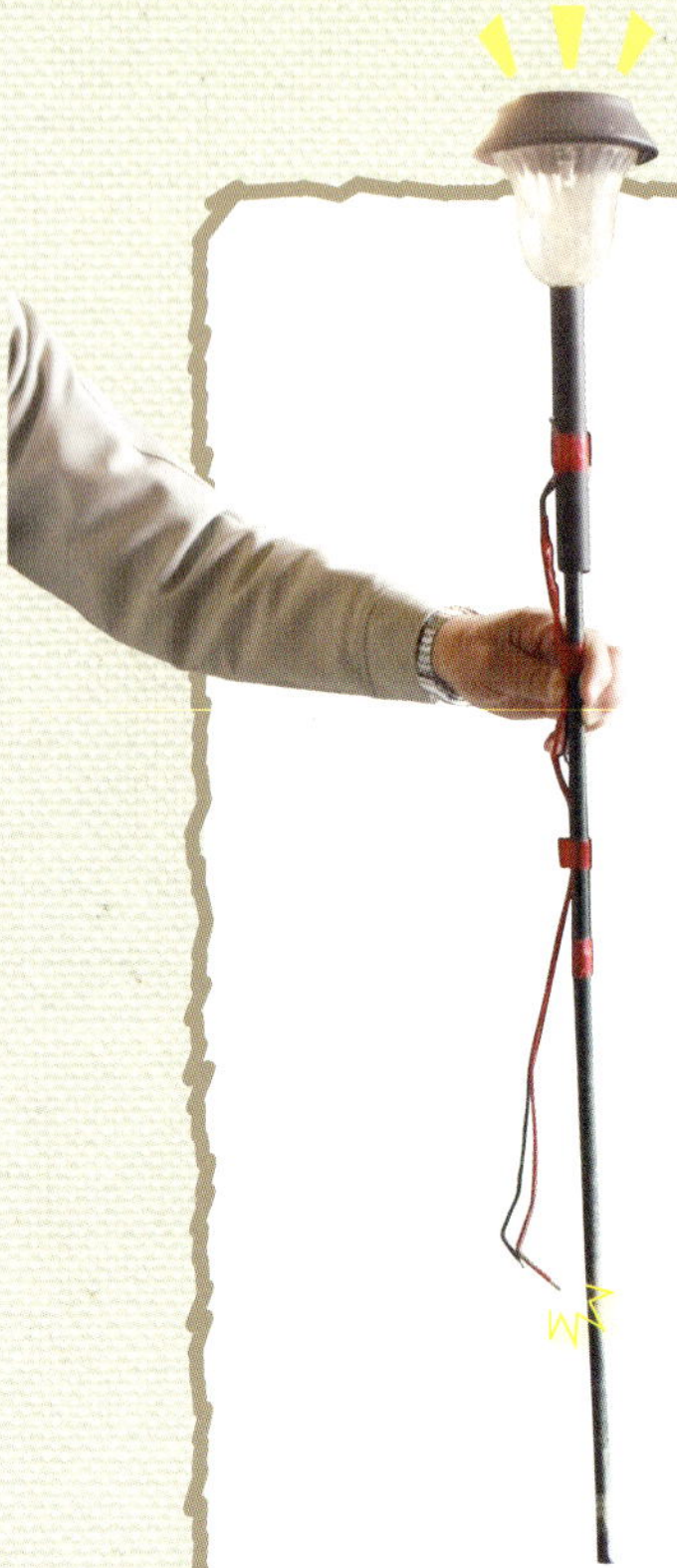

支柱を田んぼに刺し、垂らしたセンサー（銅線）の先が水に浸かると、通電してライトが光る仕組み。支柱は園芸用のポールで延長

水位測定ライトの回路図

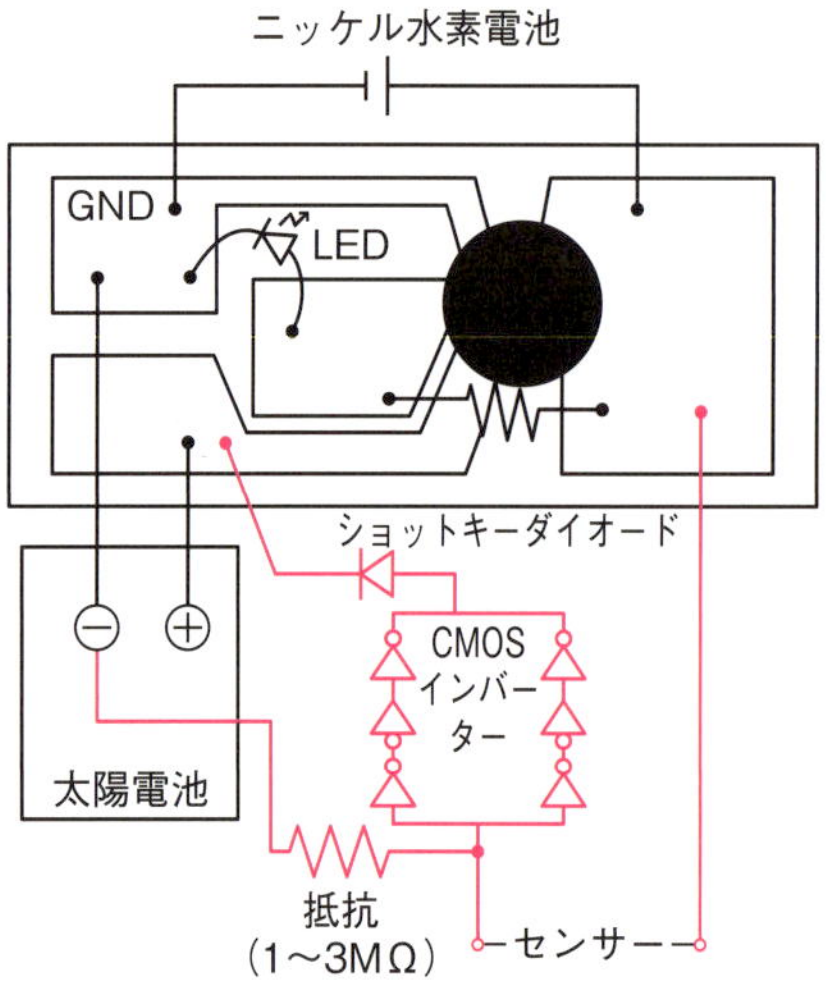

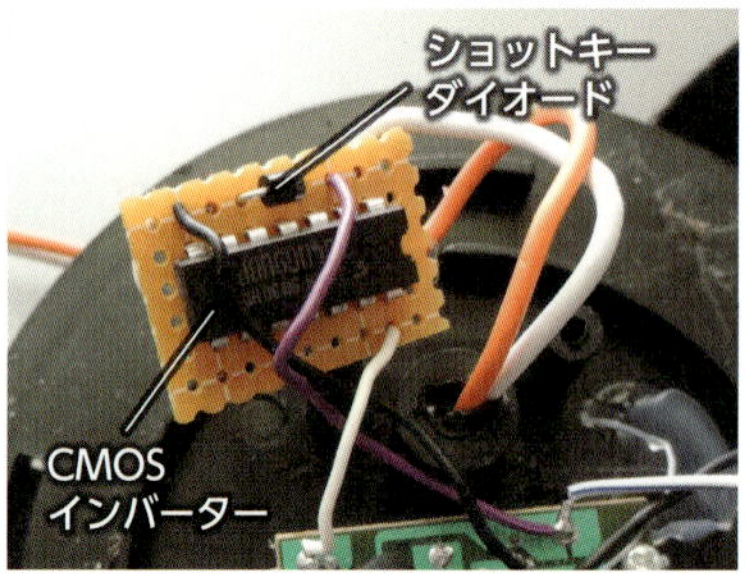

回路図の赤の部分を増設。ダイオード、インバーター（4069UB）、抵抗はインターネットでそれぞれ50～100円で購入

作業ラク、シート長持ち

アゼ波シート打ち込み器

福島県いわき市・角田利夫さん

鉄板をコの字型になるように溶接し、それに取っ手としてハウスの古パイプを付けた。腰をかがめて、手でアゼ波シートを押し込んでいくよりずっとラク。五mが五分の作業ですむ。アゼ波シートを両側から挟んで力を加えることができるので、シートが腰折れせず、長持ちする。編

＊二〇〇二年五月号「『畦畔板打ち込み器』を作った」

こんなふうに作業をする

打ち込み器の構造

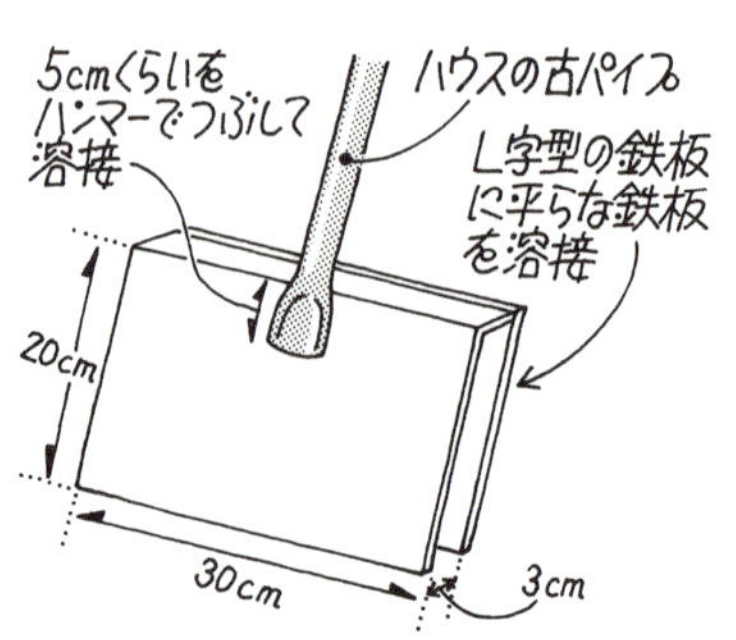

近所には持ち手を角材、鉄板を木の板で代用して作ったお母さんもいる

塩ビパイプで作った

米ヌカペレット製造機

愛媛県宇和島市・影山芳文さん

田植え後、分けつ促進と除草のために米ヌカペレットをまきます。そのペレットを作る機械を塩ビパイプで作りました。

ラセン部分は、クボタ製のコンバインに付いていたものを利用しました。塩ビパイプの接続は、接着せずに接続部をネジで固定します。これにより強い圧力にも耐えられます。

＊二〇一二年五月号「塩ビ製ペレット製造機」

塩ビ管で作ったペレット製造機。台は農機具梱包用フレームのアングルと合板で作った

直径60㎝のプーリーは、円形に切った合板2枚を合わせて木ネジ、ボルトナットで固定。モーターは1馬力。モーター側のプーリーは6.3㎝

※写真にはないが、テンションプーリーを付けると押し出し力が強くなる

ラセンは、農機具販売店が下取りして廃品にするコンバインなどから入手。ラセンと取り付け軸受け部品を分けてもらう

ペレット製造機の構造と材料

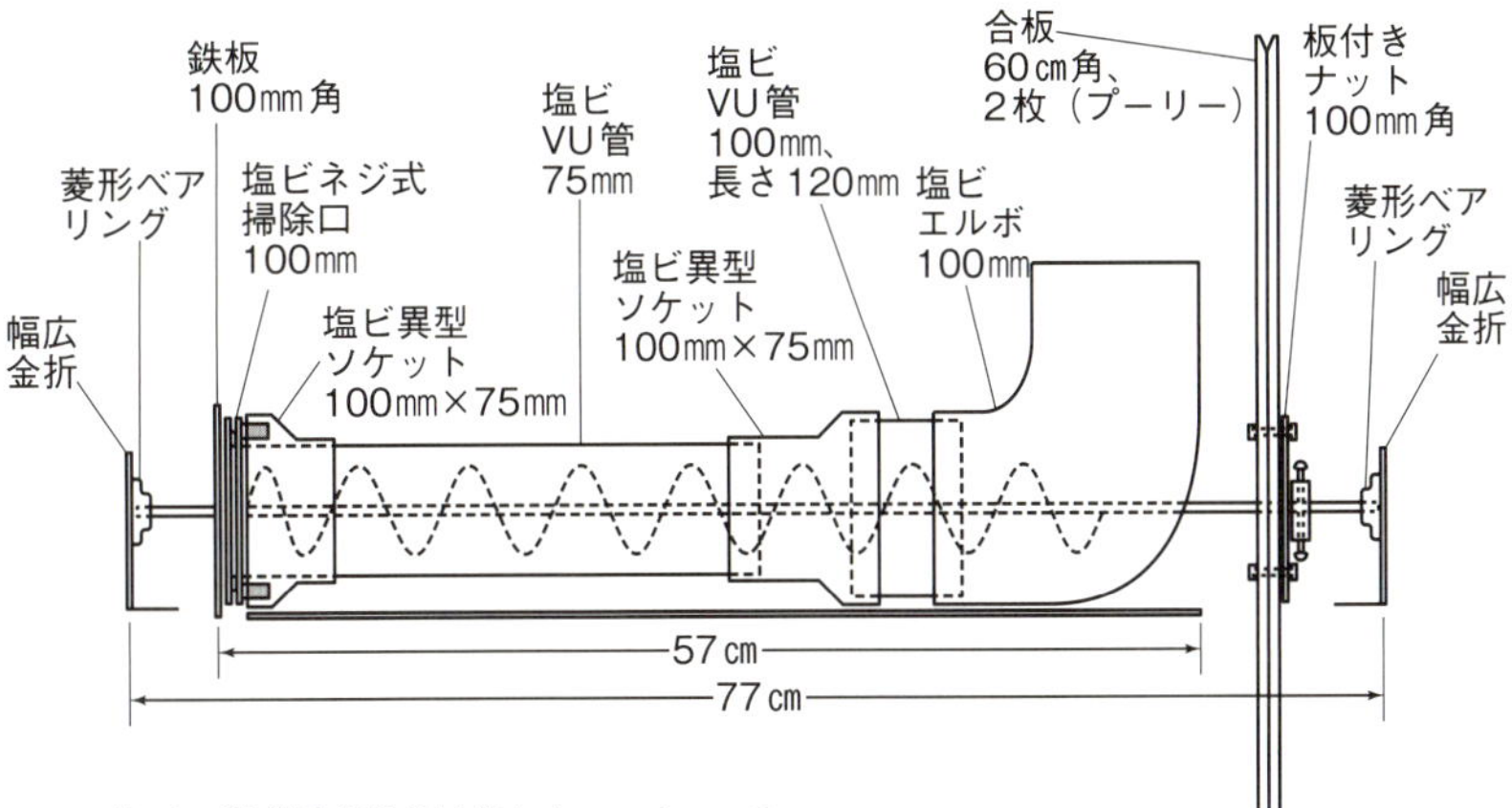

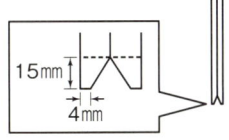

※塩ビの継ぎ手部分は接着しない。4㎜×8㎜のタッピング皿ねじか、ステントラスタッピングネジで固定する。8カ所くらいとめるとよい

ペレット出口は厚さ3㎜・10㎝角の鉄板で作製。塩ビのフタ（ネジ式掃除口）にステンレス皿ネジ（4㎜）で固定

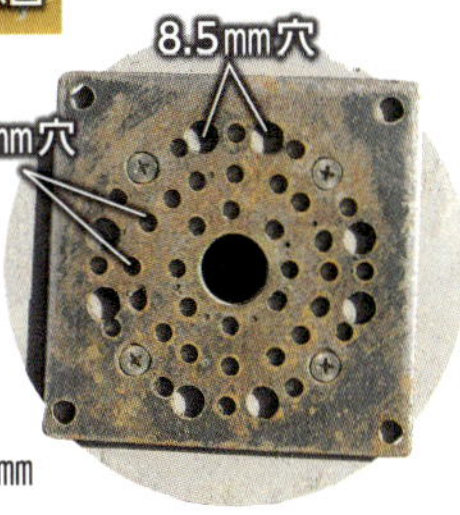

鉄板と塩ビのフタには直径8.5㎜と5㎜の2種類の穴を開ける

ラセンで押し出された米ヌカ（米ヌカ15kgに4ℓの水を加えて練る）は自重で落ちるときに適当な長さ（大きさ）になる。1時間で約30kgのペレットができる

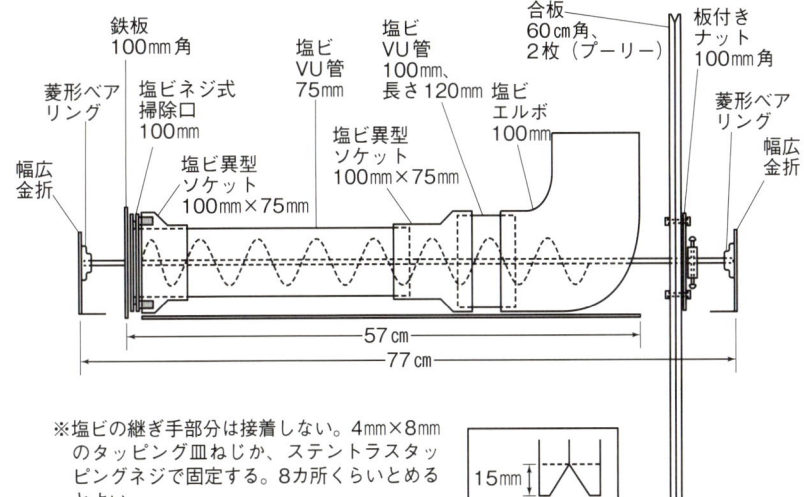

一人でもラクに防除

振り出し竿利用の防除ホース

山形県飯豊町・菊地友男さん

ナイアガラホース（玉網の竿）の長さは5～6m。ペットボトルの口からの噴出も加えると十数mの範囲に散布可能。荷台に積むときは竿を短く縮める

カメムシ警報が発令されても、家族が会社勤務で、ナイアガラホースの助手がいなくて困ることが度々あった。

防除を一人でやれないかと、ひらめいたのが振り出し式の玉網の竿（カーボン製）をホースの支えに利用する方法。竿の長さにナイアガラホースを切り、先端にペットボトルを固定し、竿に縛り付けたらできあがり。ホースの穴から噴き出す空気が全体を浮き上がらせるので、思いのほか軽い。

＊二〇〇三年六月号「釣り竿利用の防除ホース」／二〇〇七年六月号「ブッシュフラッグと振り出し竿利用の防除ホース」

防除ホースの構造

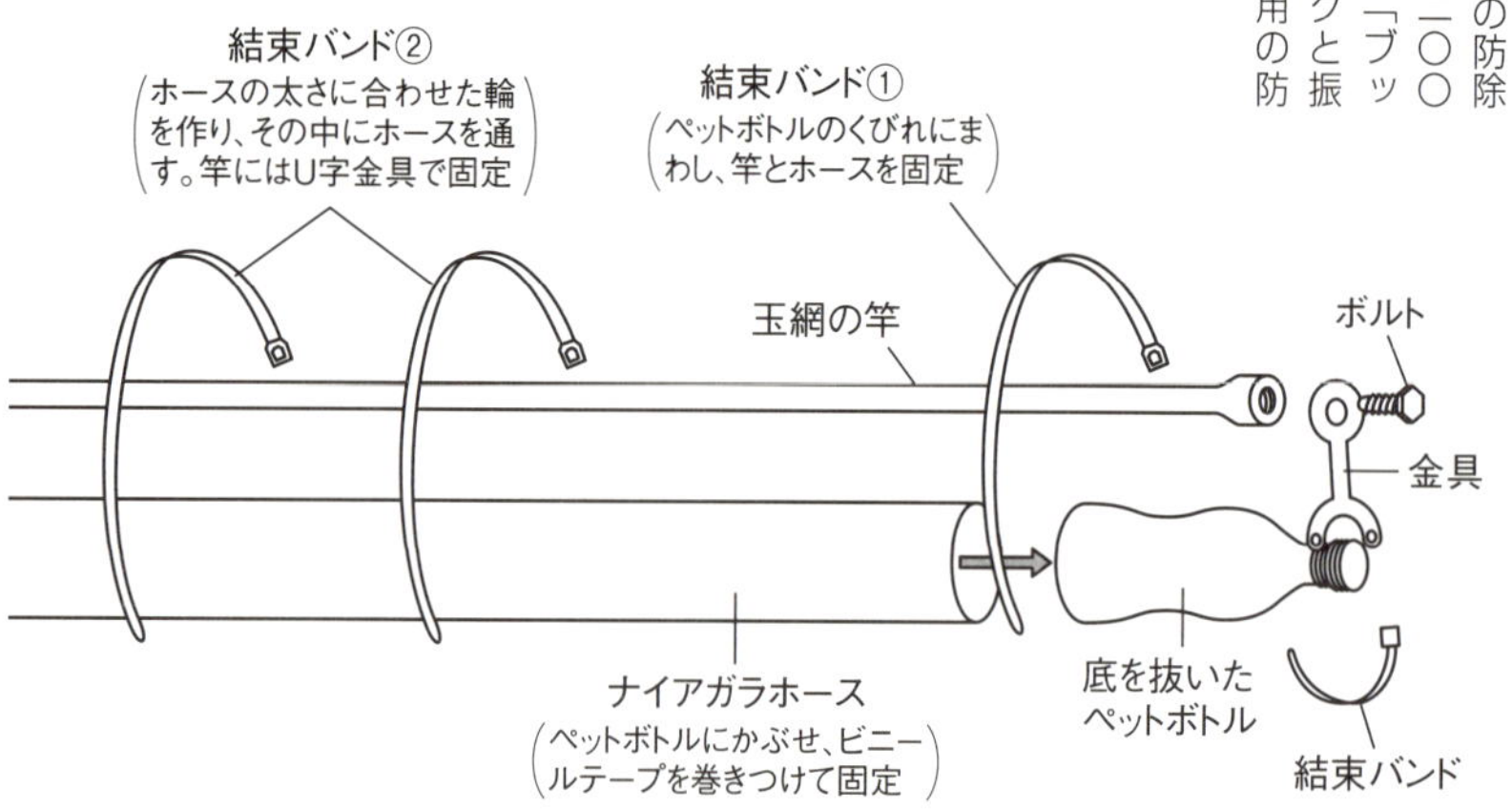
結束バンド②
ホースの太さに合わせた輪を作り、その中にホースを通す。竿にはU字金具で固定
結束バンド①
ペットボトルのくびれにまわし、竿とホースを固定
玉網の竿
ボルト
金具
ナイアガラホース
ペットボトルにかぶせ、ビニールテープを巻きつけて固定
底を抜いたペットボトル
結束バンド

大区画でもアゼを歩ける

ナイアガラ防除補助具

宮城県加美町・千葉文一さん

除草剤散布や葉イモチ防除は、ナイアガラホースを付けた動力散布機で畦畔上からやってきましたが、一haの圃場になると、家内が田んぼの中を歩かねばならず、心苦しく思っておりました。

浮かんだアイデアが、図のような釣りのリールとテグスを使う方法でした。散布口がきちんと下を向くように姿勢制御するためには、ホースを固定する部分とリールを取り付ける部分の塩ビパイプに、ある程度の長さが必要です。

＊二〇〇四年六月号「ナイアガラ防除補助具」

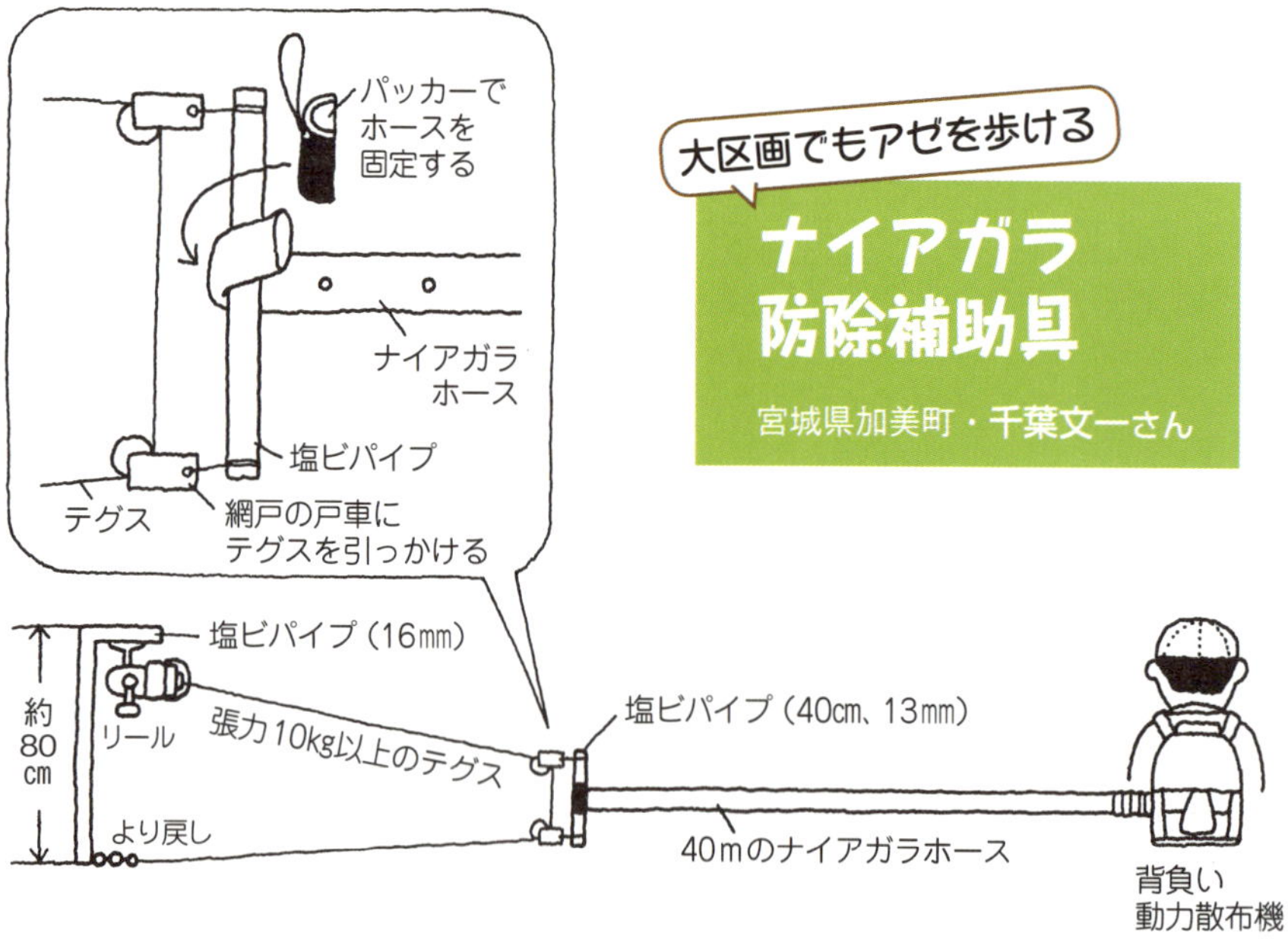
パッカーでホースを固定する
ナイアガラホース
塩ビパイプ
テグス
網戸の戸車にテグスを引っかける
塩ビパイプ（16㎜）
約80㎝
リール
張力10kg以上のテグス
より戻し
塩ビパイプ（40㎝、13㎜）
40mのナイアガラホース
背負い動力散布機

散布のしかた（80m圃場の場合）

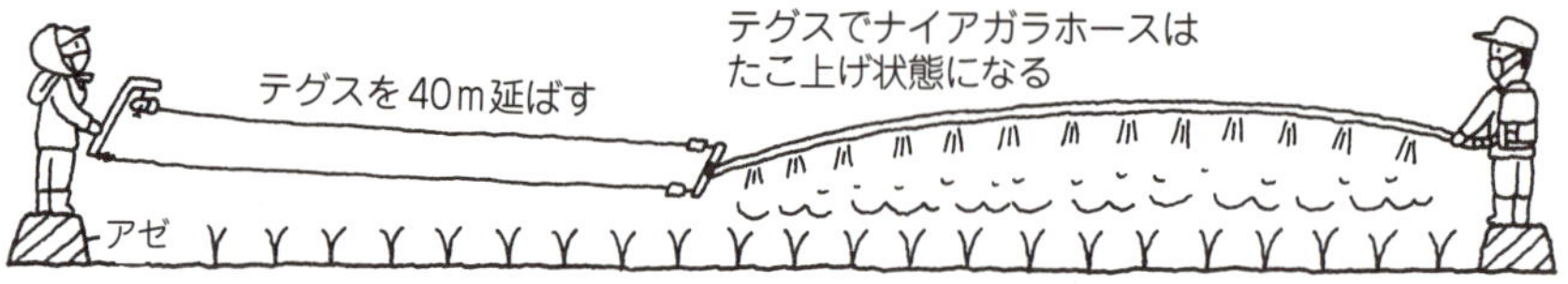
テグスを40m延ばす
テグスでナイアガラホースはたこ上げ状態になる
アゼ

補助者（家内）はバックしながらテグスを延ばしていき、圃場の幅に合わせてリールを固定したら、私がエンジンを掛け作業開始

両手ハンドル式刈り払い機
鉄筋
木製ハンドル
立ちバンド
物干し竿を曲げた

手押し式草刈り機。ふだんはナイロンコードで刈る

アゼ草刈りラクラク

手押し式草刈り機

愛媛県宇和島市・影山芳文さん

硬い草を刈るときに使う４枚刃。前後左右に動かしても刈れるように、刃の縁全体をグラインダーで研いだ

田の法面の草刈りをラクにしたくて手押し式草刈り機を作りました。アゼ草刈りに使っていると、道路を通行中の人から声をかけられたり、近所の農家の人からも珍しがられたりします。

この手押し草刈り機の長所は次のとおり。

①一輪車型なので、前後左右に動かしやすい。
②作業者から刃までの距離が長く、アゼの上から大きな法面を刈れる。
③刃（ナイロンコード）が体から遠いので、飛散物が体に当たりにくい。
④市販の刈り払い機がそのまま載る。
⑤ボルトとナットで組み立てられる（溶接の技術は不要）。
⑥エンジンを背負わなくていい。振動がタイヤで吸収されるので、手がしびれない。

前後左右に動かして刈るには、刃はチップソーではなくナイロンコードが適しています。ただし、夏の硬い草はナイロンコードではうまく刈れないので、特製の四枚刃も作りました。

＊二〇一一年五月号「アゼ草刈りラクラク自作手押し式草刈り機」

DVDでもっとわかる

足腰がラク

イチゴの収穫に無体重バンド

埼玉県川島町・坂本勝男さん

ビョ〜ン

無体重バンドを使う筆者。身を屈めるとゴムバンドが伸び、起き上がると縮む。ゴムの力で体重を打ち消している

無体重バンド

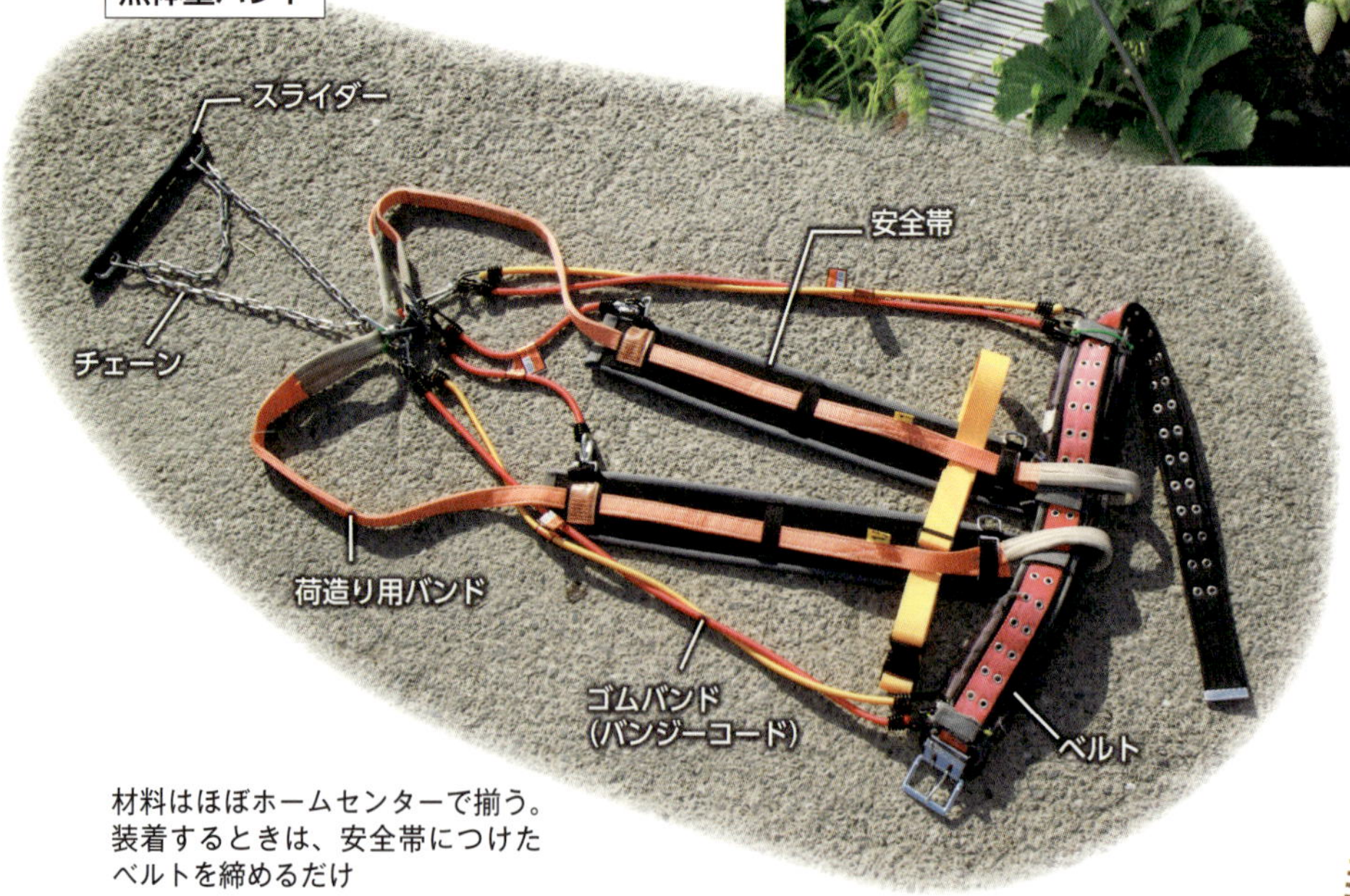

スライダー
安全帯
チェーン
荷造り用バンド
ゴムバンド
(バンジーコード)
ベルト

材料はほぼホームセンターで揃う。装着するときは、安全帯につけたベルトを締めるだけ

畑のラクラク農機具

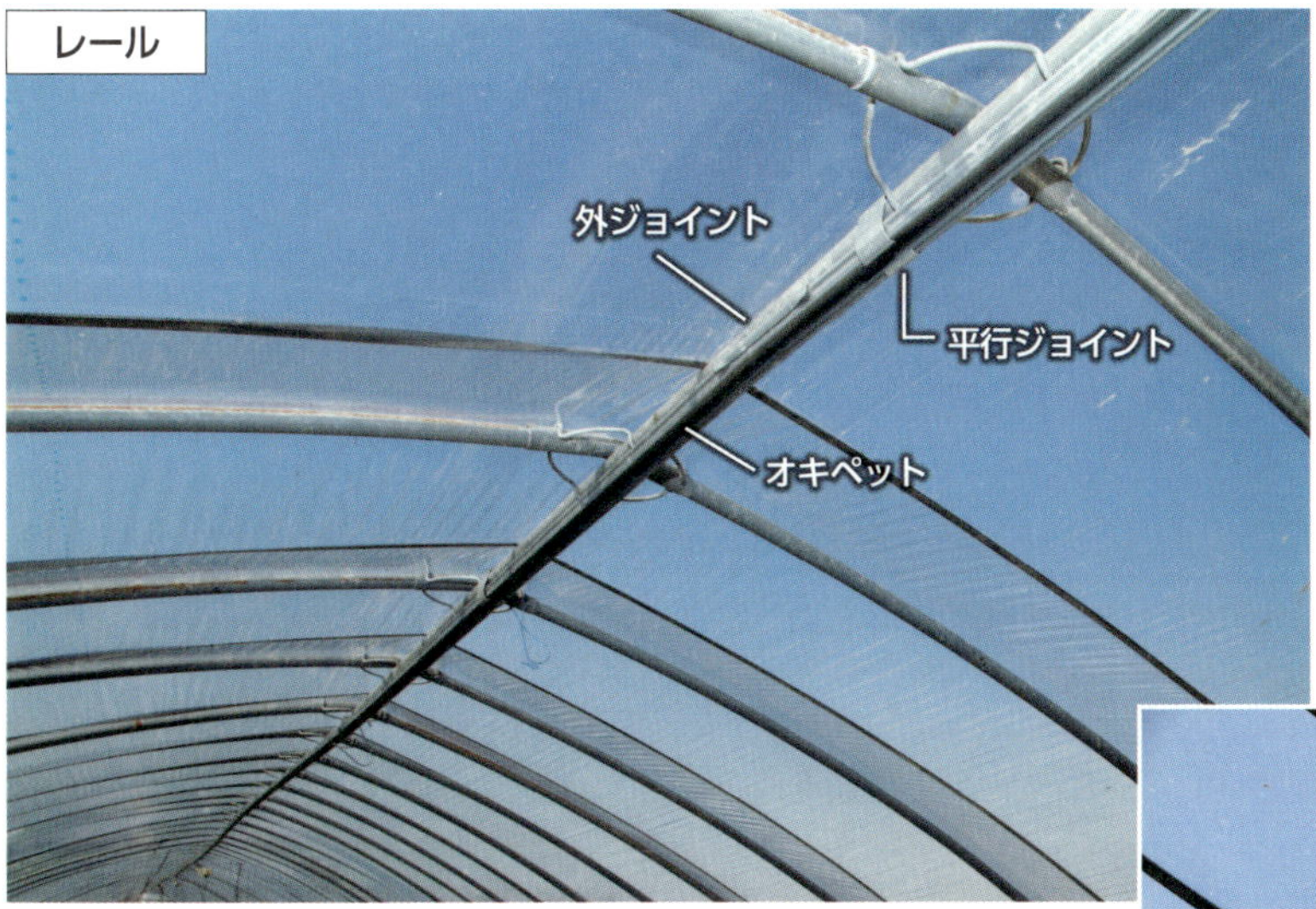
レール
外ジョイント
平行ジョイント
オキペット

ハウス天井の直管パイプにオキペットを平行ジョイントで固定（平行ジョイントは1m間隔）。オキペットどうしは外ジョイントでつなぐ

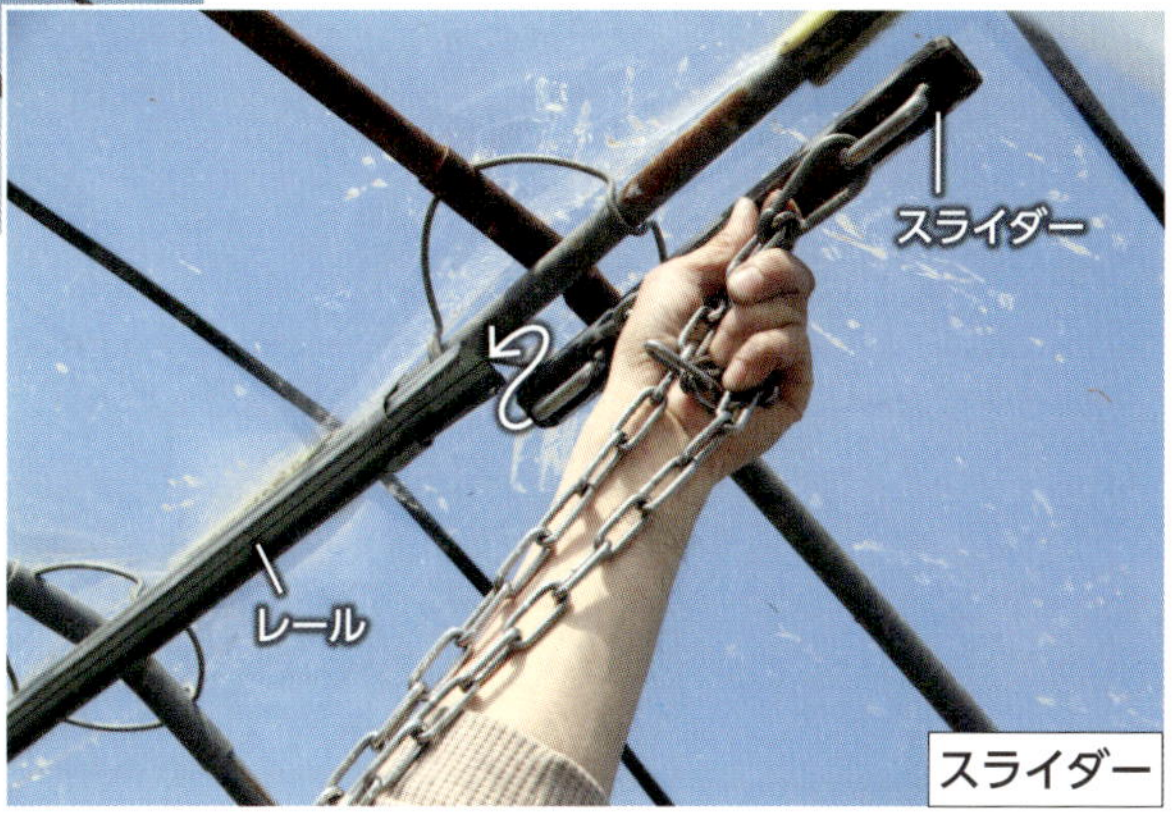
スライダー
レール
スライダー

レールの端にスライダーを差し込む。スポッとはまってスライド。これでハウス内を自由に行き来できる。違うハウスへ移動するときも、スライダーをはずして、また取り付けるだけ（バンドは付けたままでOK）。スライダーは鉄工所に注文

すっごく
ラクチン

イチゴの栽培面積は10aで、50mのハウスが3棟ある

実家が農家で、子どもの頃から親の農作業を見ていたが、自分で栽培するとなると、米も野菜も何もわからない。そこで定年を機に、埼玉県立農業大学校で野菜栽培の基礎知識を六カ月学んだ。

研修終了後、「何を栽培するか？」と考えた。ここはイチゴ「とちおとめ」の産地で歴史があり、親も栽培していたことがある（わが家に先生がいる！）。無加温ハウスでイチゴをつくることに決めた。

親が栽培していた頃、収穫だけは手伝うこともあったが、腰を屈める作業が多く、腰や膝の負担が大きいなと感じていた。ギックリ腰を何度か経験しているので、従来のような作業はやりたくない。かといって、高設栽培となると、施設にコストがかかる。

それで生まれたのが、この「無体重バンド」だ。見てのとおり、この器具を使うと、ゴムバンドの張力で体重を感じなくなり、膝や腰に負担がかからない。身体の動きにあわせてゴムが伸び縮みするのでラク。収穫だけでなく、葉かき、ランナーかきなどの作業にも使用できる。膝を折り、前屈みになる苦痛から解放された。

＊二〇一二年十一月号「腰の不安解消　イチゴ収穫にゴムバンド保持具」

塩ビパイプで

ホースのアタッチメント

大阪府泉佐野市・**野出良之さん**

「これ全部塩ビパイプですわ」。野出良之さんの倉庫には塩ビパイプで作った自慢の道具がズラリ。細かいものまで数えると一〇〇個以上もある（四七ページもご覧ください）。

塩ビパイプは、ノコギリで簡単に切れて、溶接もいらない。誰でも簡単に加工できる。軽いし、丈夫だし、油にも強くて、野ざらしにしてても劣化しにくいと魅力的なことばかり。そう話す野出さんに、塩ビパイプで作ったホースのアタッチメントを説明してもらった。（編）

＊二〇一三年十一月号「あっぱれ塩ビパイプ　切ってつないで穴開けて　便利グッズいろいろ」

ナスの苗のかん水用

長いパイプの先にL字型のエルボ。勢いを弱めた水を、株元に横からかん水できる。苗が倒れにくいうえ、立ったまま作業できる

畑かん水用

先端がつぶしてあり、遠くまで広い範囲に水を飛ばせる

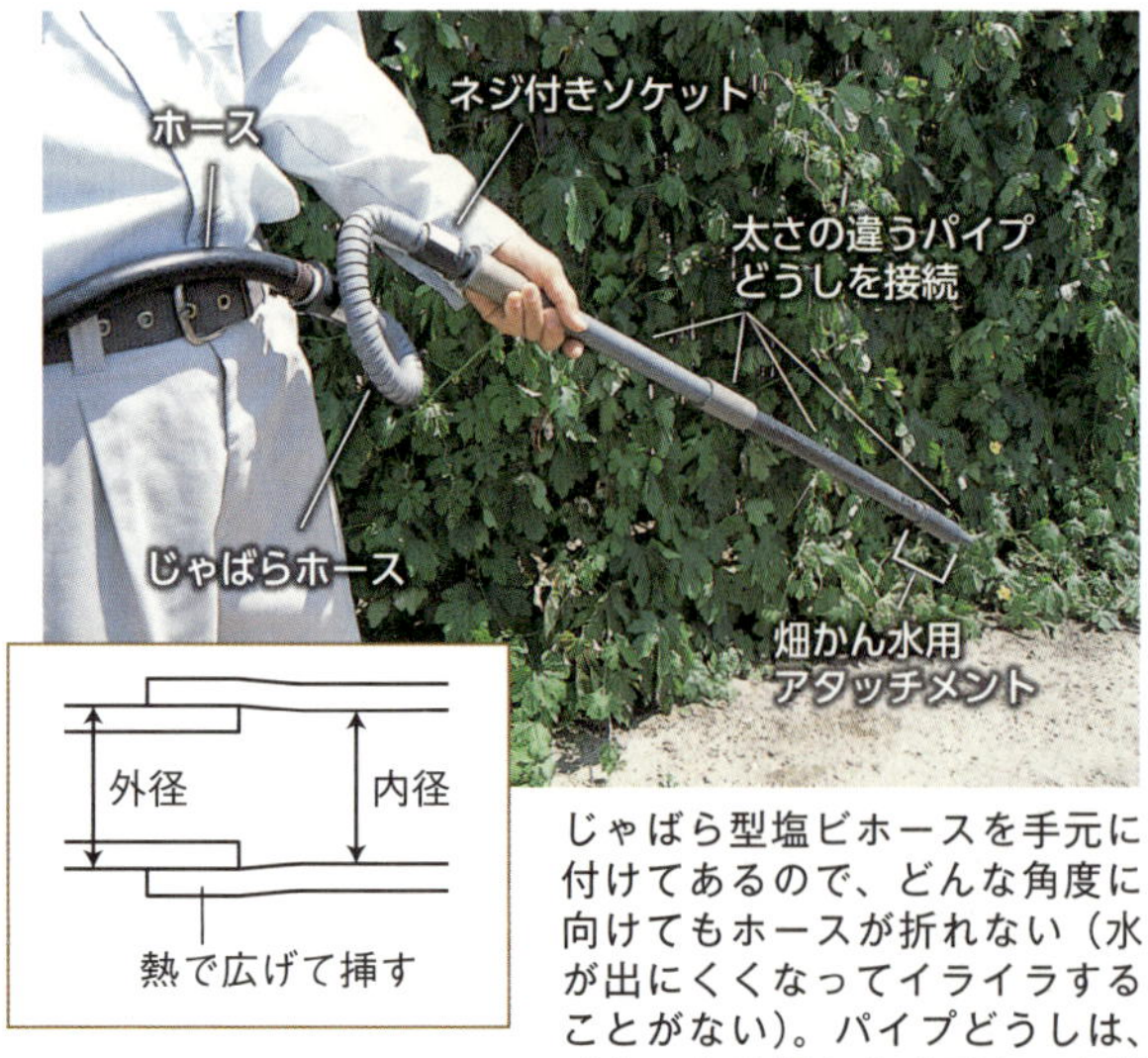
ホース
ネジ付きソケット
太さの違うパイプどうしを接続
じゃばらホース
畑かん水用アタッチメント
外径
内径
熱で広げて挿す

じゃばら型塩ビホースを手元に付けてあるので、どんな角度に向けてもホースが折れない（水が出にくくなってイライラすることがない）。パイプどうしは、ソケットを使わなくても、内径と外径が近い2種類のパイプ（60ページ参照）の太いほうを熱で広げて挿すことができる

植え穴開け器

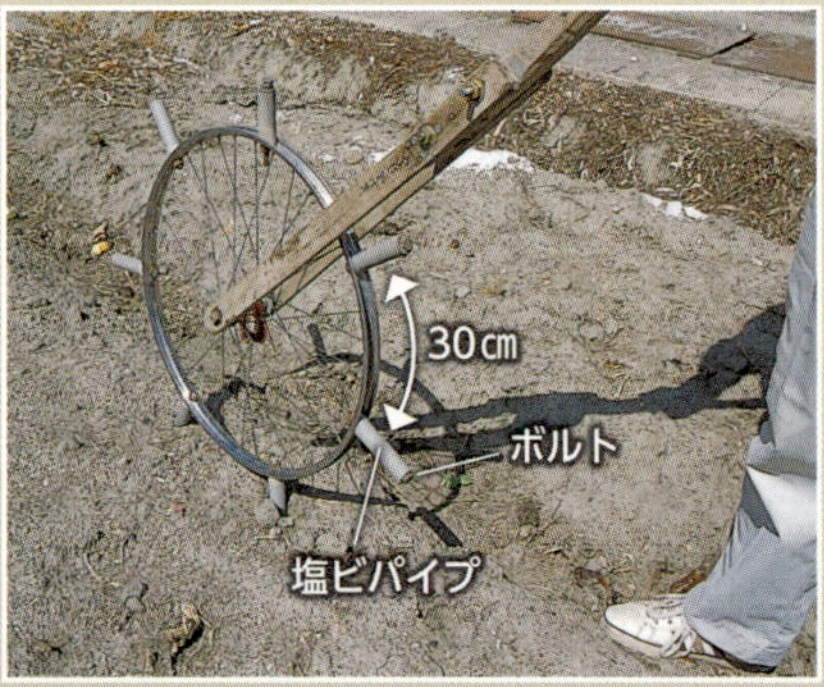
30㎝
ボルト
塩ビパイプ

これは塩ビパイプと自転車の車輪で作った道具。車輪を回転させるとキャベツの植え穴が開けられる。直径25㎜、長さ10㎝の塩ビパイプを長いボルトで車輪に固定してある

一度に200個

ポット土入れ器

岡山県真庭市・**西山広視**さん

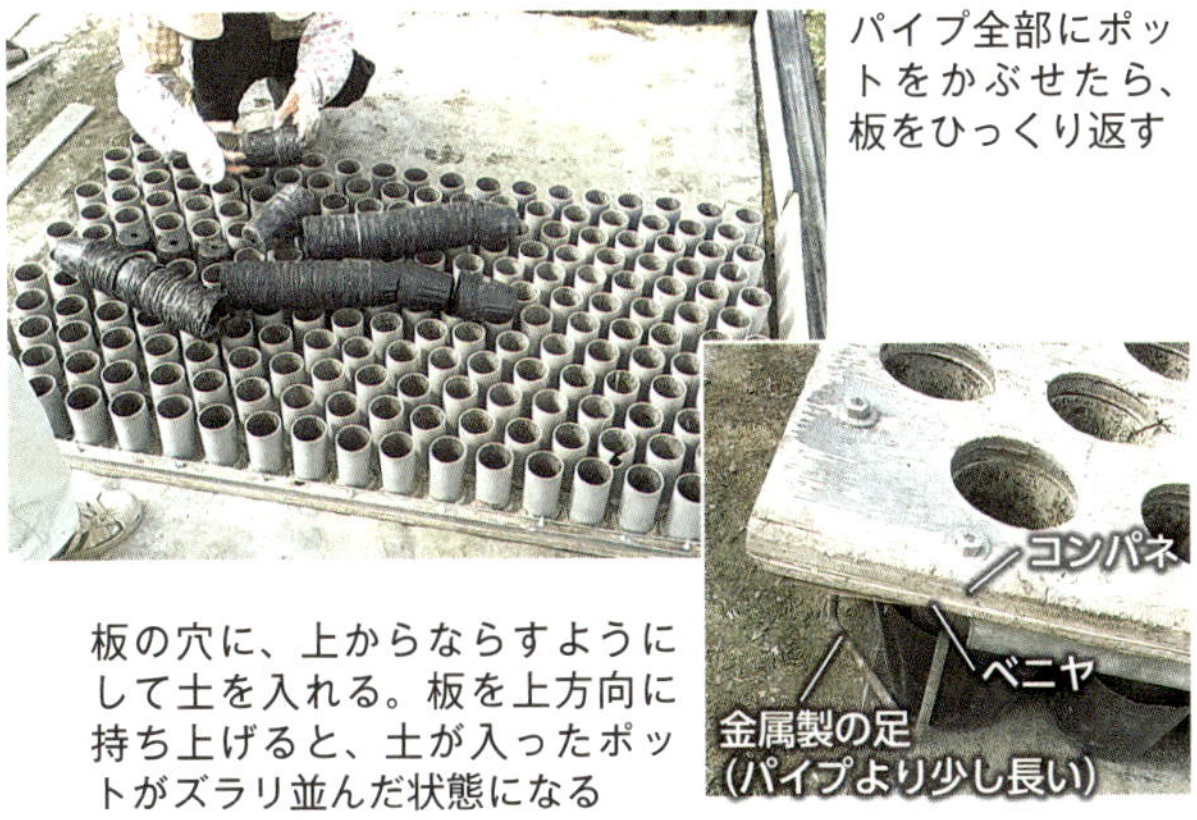
コンパネ
ベニヤ
金属製の足
（パイプより少し長い）

パイプ全部にポットをかぶせたら、板をひっくり返す

板の穴に、上からならすようにして土を入れる。板を上方向に持ち上げると、土が入ったポットがズラリ並んだ状態になる

年間一二万鉢の花壇苗をつくる西山広視さんは、自作の道具を使ってポットの土入れをあっという間に終わらせる。九cmポット用だと、一度に約二〇〇個の土入れができる。編

＊二〇一二年三月号「ポット土入れ器」

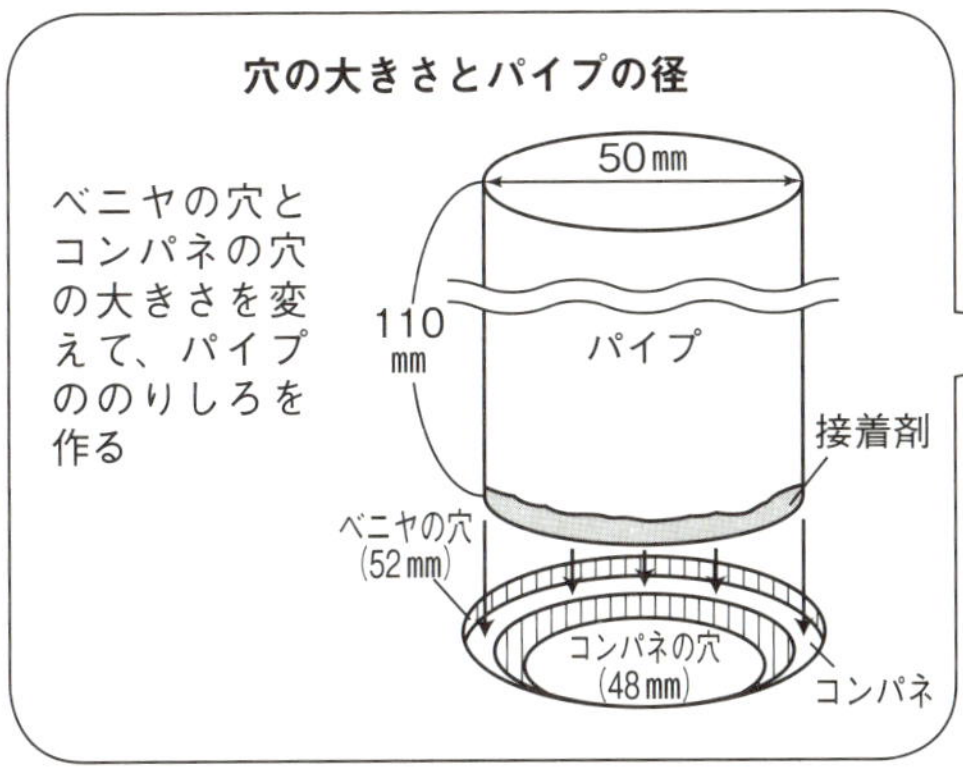
穴の大きさとパイプの径
ベニヤの穴とコンパネの穴の大きさを変えて、パイプののりしろを作る
50mm
110mm
パイプ
接着剤
ベニヤの穴（52mm）
コンパネの穴（48mm）
コンパネ

9cmポット用土入れ器の穴の位置

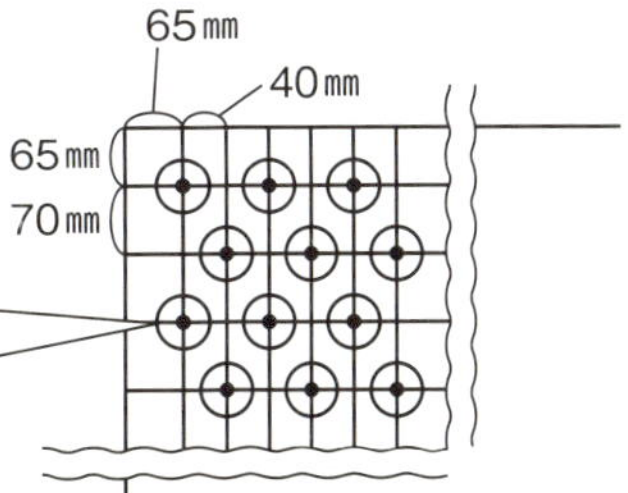
65mm
40mm
65mm
70mm

90×152cmの板（ベニヤ）に線を引く（墨つぼを使うとラク）。印を中心に、自在錐で穴を切り抜く

簡単・正確

手押し距離測定器

群馬県川場村・**久保田長武**さん

距離測定器には市販品もありますが、これは草の上やガタガタの土の上でも測れます。ユニークなのは、車輪が一周するたびにベルが「チーン」と鳴るところ。写真のものは車輪一周が二mくらいなので、六チーンなら一二m。残りの半端はポケットスケールなどで測って「一二m××cm」となるわけです。

＊二〇一〇年三月号「手押し距離測定器」

友人の外山雄一君が発明した測定器。壊れた自転車が1台と、少しの溶接の技術があれば簡単に作れる

鉄棒

車輪が1周するたびに鉄棒がベルを鳴らす

車輪には、外側に向けてピンが溶接してあるのでスリップしにくい

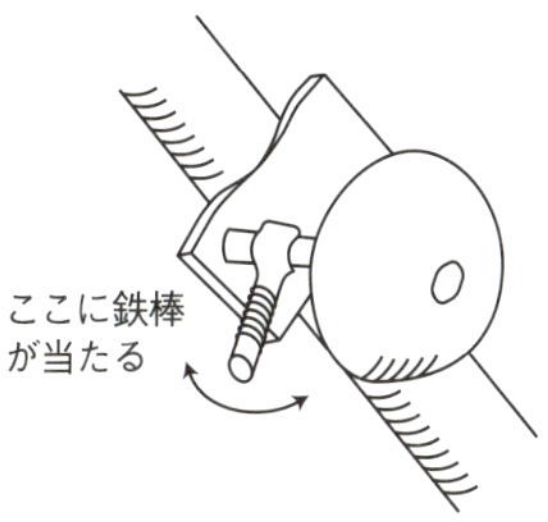
ここに鉄棒が当たる

写真ではよく見えないが、バネで左右に振れるピンに鉄棒が当たることでベルが鳴る

掃除機を利用

セルトレイ用播種器

愛媛県今治市・**長井利幸さん**

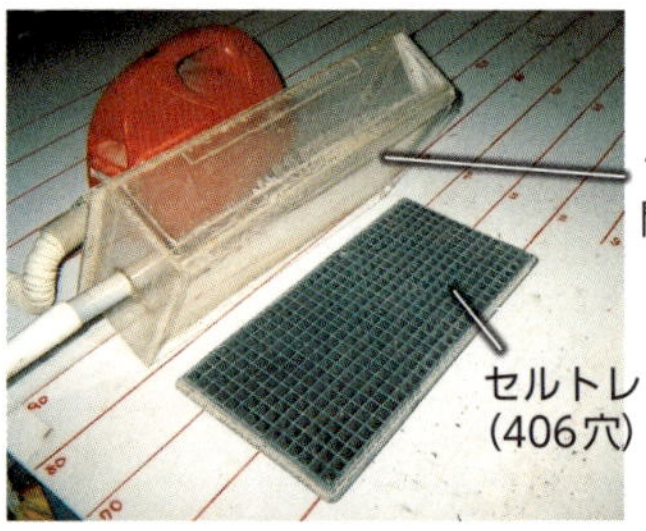

1mm針のドリルで穴を開けた面（上面）
セルトレイ
(406穴)

トルコギキョウのペレット種子用に作ったセルトレイ播種器

播種器の構造　(単位：cm)

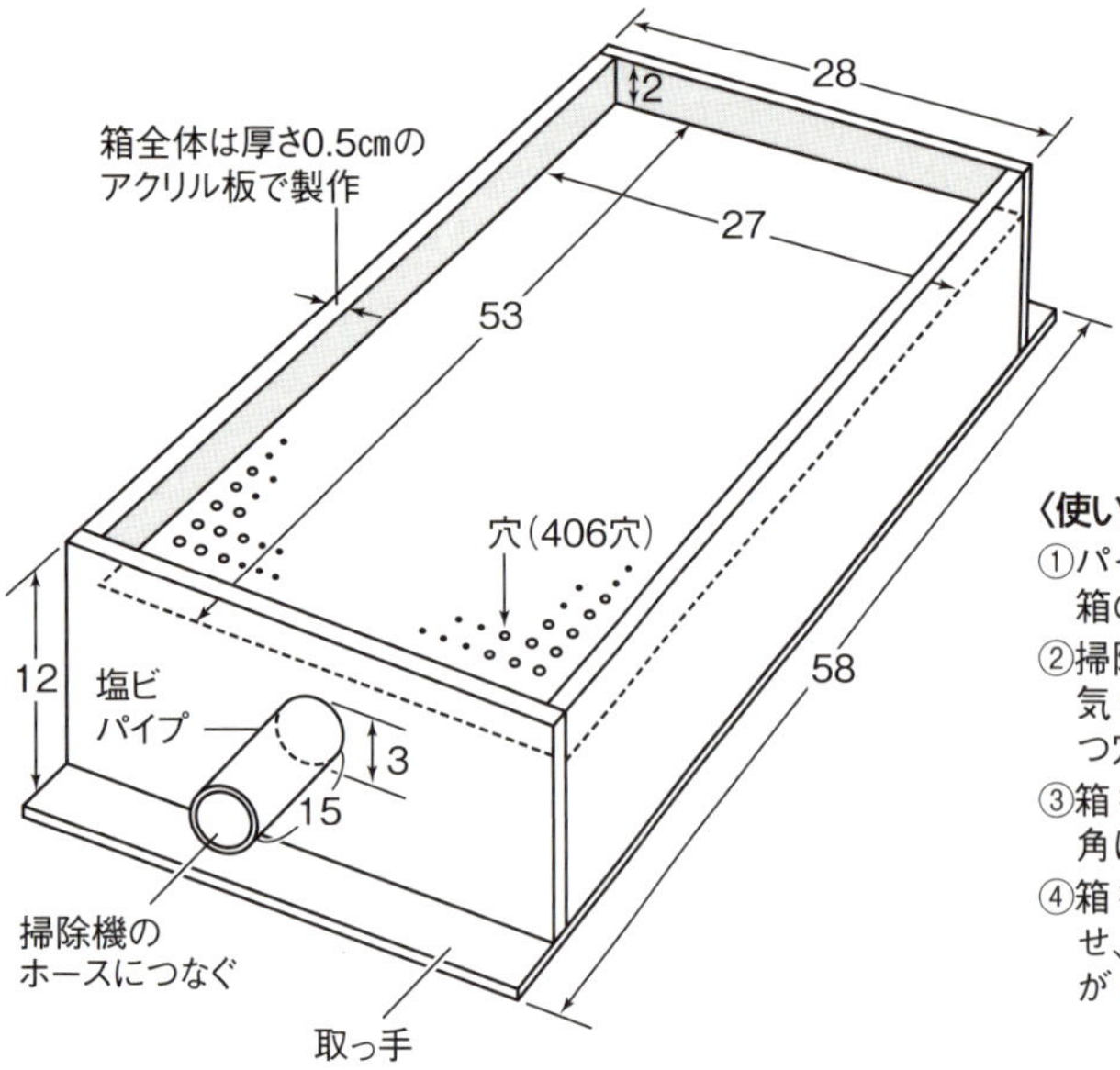

28
2
箱全体は厚さ0.5cmのアクリル板で製作
27
53
穴(406穴)
58
12
塩ビパイプ
3
15
掃除機のホースにつなぐ
取っ手

〈使い方〉

①パイプに掃除機のホースを繋ぎ、箱の上面にタネをばらまく。

②掃除機の電源を入れて箱内の空気を吸引すると、タネが一つずつ穴に固定される。

③箱を傾け、余ったタネを箱の一角に集めて回収。

④箱を反転させてセルトレイに被せ、掃除機の電源を切ればタネがトレイの穴に落ちる。

掃除機の吸引力を利用したタネ播き器を自作しました。耳かきを使って一粒ずつ播いていた頃と比べると、作業時間もロスも減ってラクに作業できるようになりました。セルトレイの穴の数に合わせて箱に穴を開ければ、花や野菜、それぞれの播種器ができます。

＊二〇〇五年八月号「掃除機を利用　セルトレイ用播種器」

立ったまま作業できる

播種3点セット

長野県千曲市・**笠井隆志さん**

かがんで行なう作業で足・腰に痛みを感じてきたので、立ったまま播種作業ができる小道具を、塩ビパイプで作りました。

＊二〇一三年十一月号「立ったまま作業できる　播種三点セット」

播種穴開け器

先端の金属部を土に刺して2、3回ひねる。柄には、株間を測る印を10cm間隔で付けた

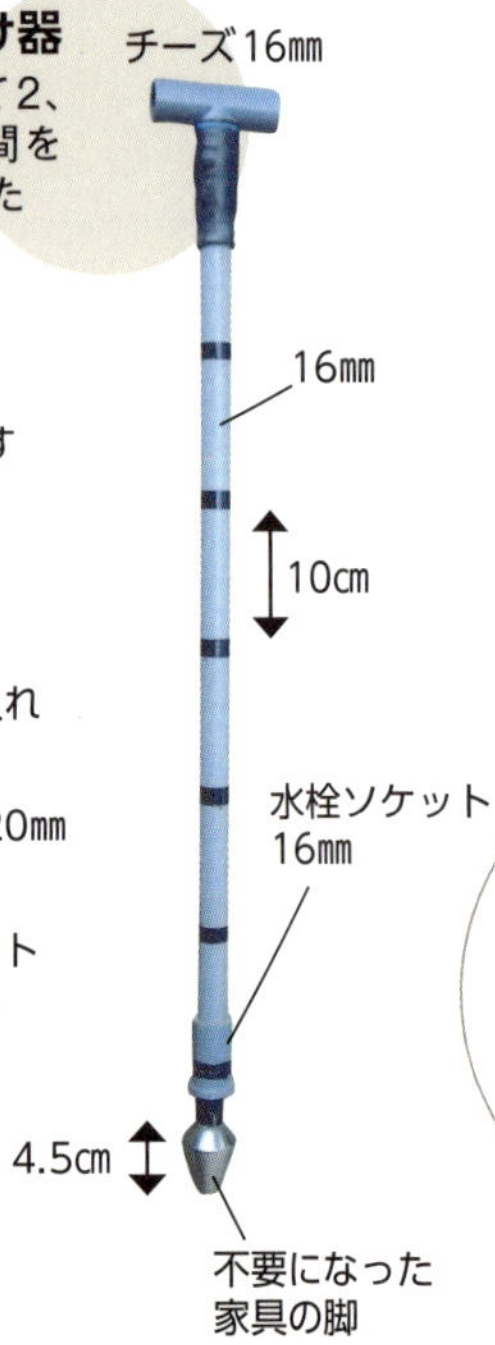

チーズ16mm
16mm
10cm
水栓ソケット16mm
4.5cm
不要になった家具の脚

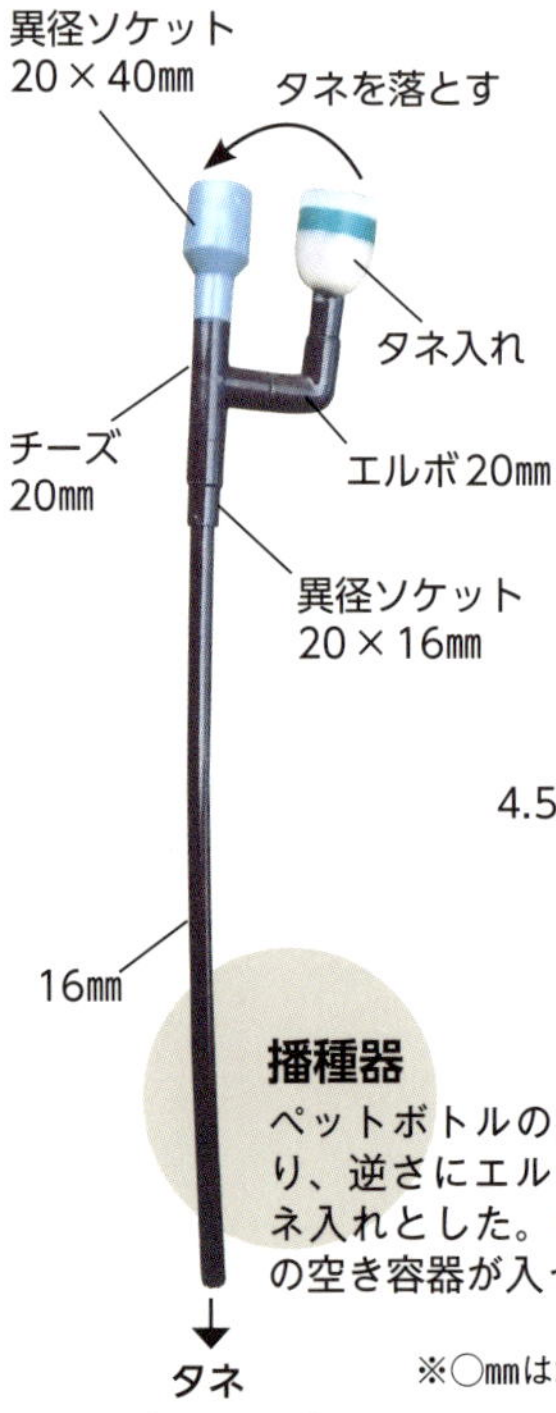

異径ソケット20×40mm
タネを落とす
タネ入れ
チーズ20mm
エルボ20mm
異径ソケット20×16mm
16mm
タネ

播種器

ペットボトルの上部を切り取り、逆さにエルボに挿してタネ入れとした。中にはプリンの空き容器が入っている

マルチ穴開け器

市販品に塩ビパイプをつけて長くした。市販のマルチ穴開け器の上部には持ち手が付いていて、塩ビパイプが入らない。そこで塩ビパイプを熱して穴を広げ、穴開け器にはめ込んだ

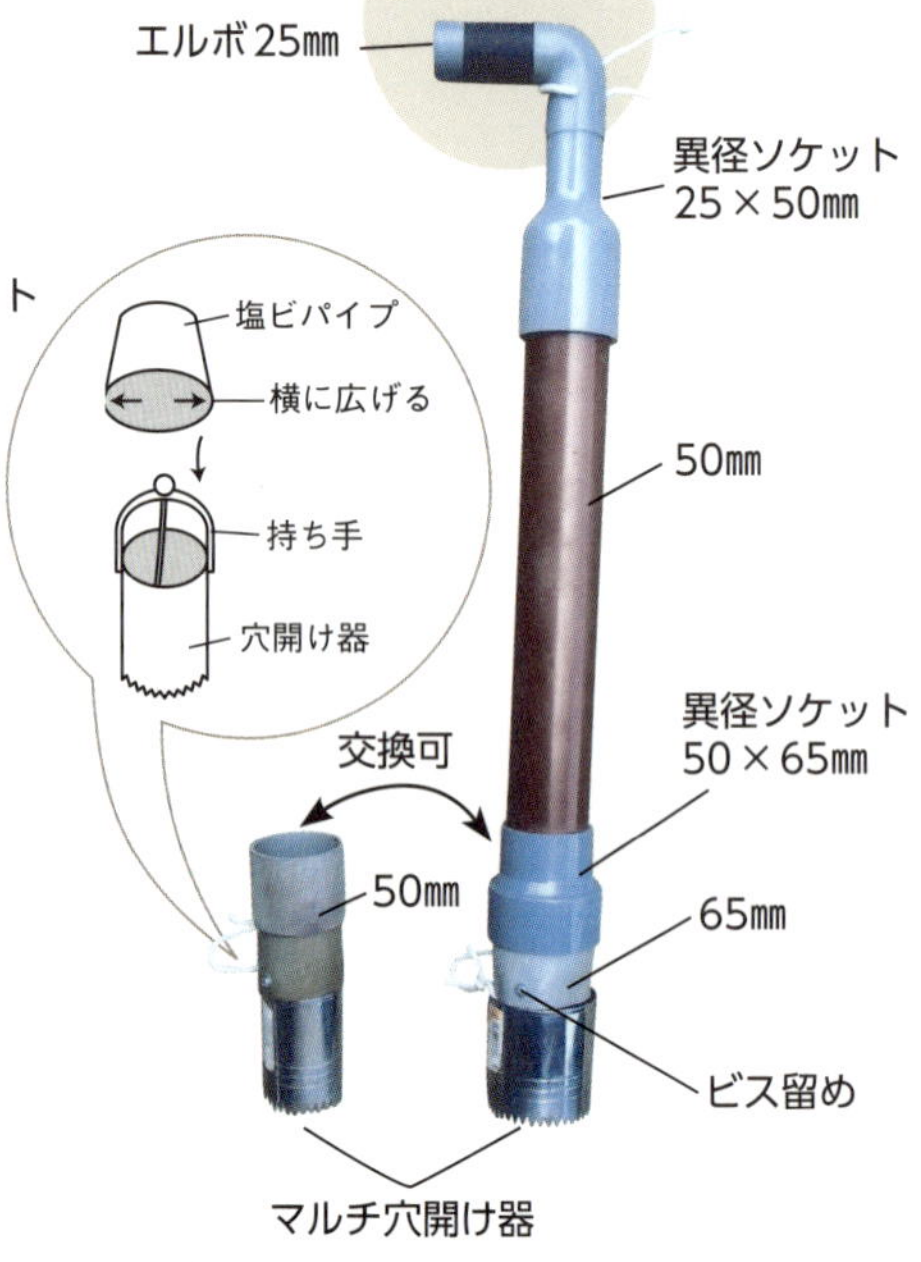

エルボ25mm
異径ソケット25×50mm
塩ビパイプ
横に広げる
持ち手
穴開け器
50mm
異径ソケット50×65mm
交換可
50mm
65mm
ビス留め
マルチ穴開け器

※○mmは塩ビパイプの呼び径です

野菜の植え付けラクラク

立ったまま移植器

東京都小平市・**福島和宏さん**

落下防止板
ここから苗を落とす
天板
足板

足板
パイプが穴を崩さないよう、パイプの先を少し浮かせる

左のパイプの先端部。この金具で穴を掘る

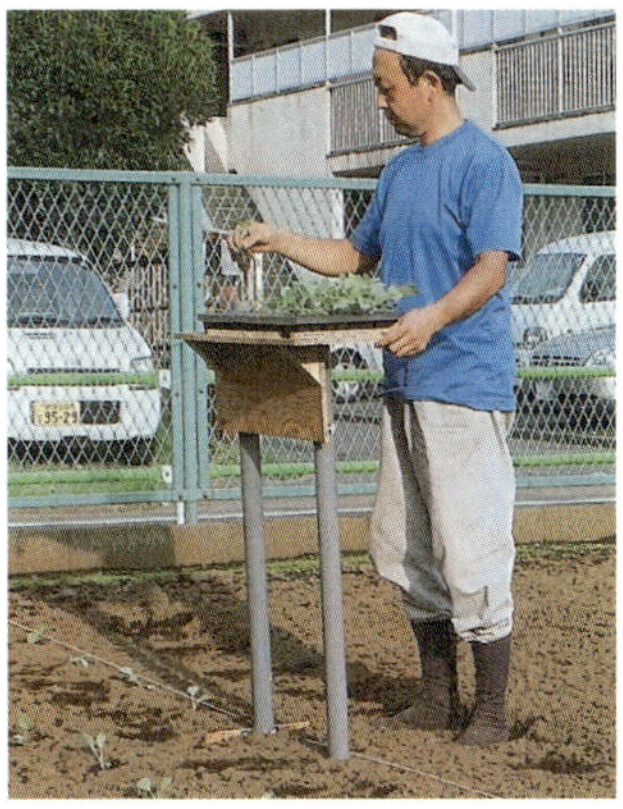

作業者から見て左のパイプで移植穴を開け、右のパイプを通してキャベツの苗を落とす。2本のパイプの幅（株間）ずつ移動しながらセル苗を落としていく

動力移植機を導入するほどの面積ではないが、手作業での定植は、ひざや腰にかなりの負担になると感じている方にぴったりだと思います。立ったまま作業できるので、とにかくラク。リズミカルに作業することで作業効率も上がります。

＊二〇一二年四月号「キャベツ　立ったまま移植器」

切れ味バツグン

マルチ穴開け器

長崎県佐世保市・**永田康幸さん**

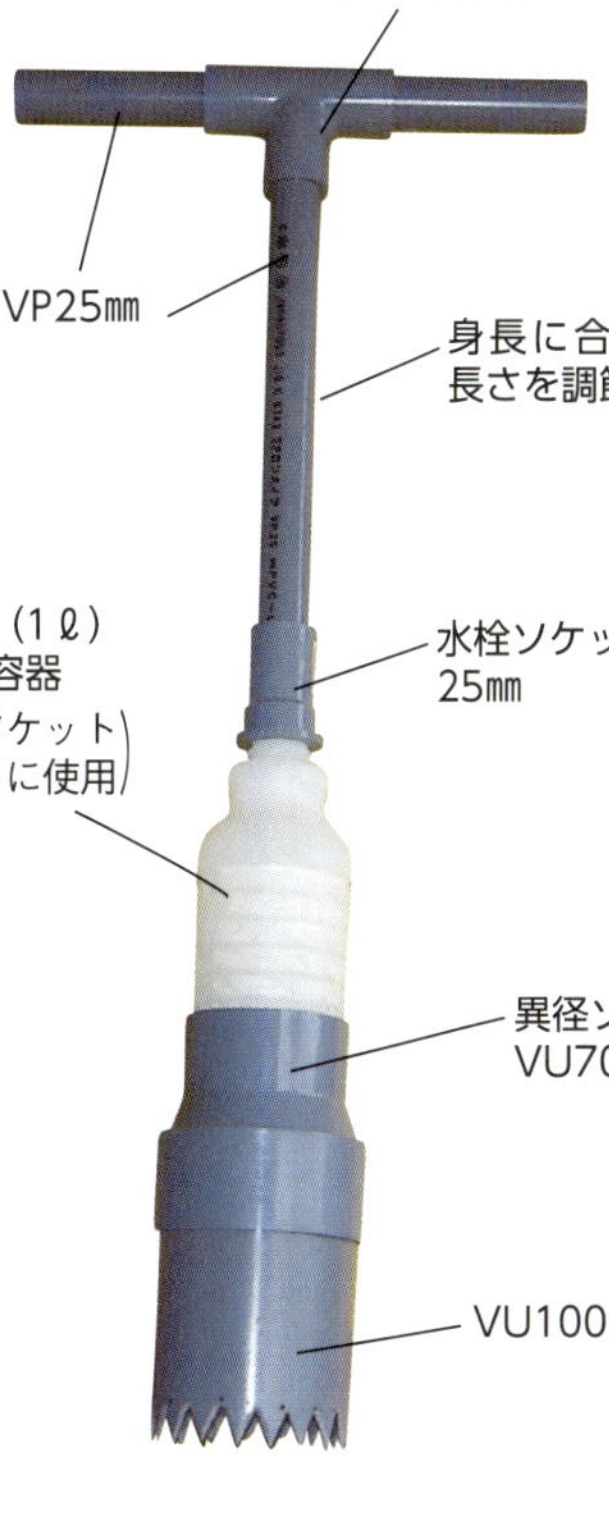
チーズ25mm
VP25mm
身長に合わせて長さを調節
除草剤（1ℓ）の空き容器
（異径ソケット代わりに使用）
水栓ソケット25mm
異径ソケットVU70×100mm
VU100mm

主な材料は塩ビパイプ。先端のパイプは薄手のVUタイプにして、パイプソーでギザギザの刻みを入れてヤスリをかけると、スパンスパンと穴が開く。刃先が石に当たっても曲がらず長持ちする。先端のパイプと異径ソケットを替えれば穴の径の変更もできる。

以前は熱した炭を入れた空き缶をマルチに当て、熱で穴を開けていたが、切り抜いたマルチを一回ごとにはがす作業が面倒だった。この穴開け器を使うようになって、作業時間は空き缶利用の五分の一になった。

＊二〇一三年十一月号「切れ味バツグン　マルチ穴開け器」

設置も片付けもラク

マルチ作業の便利道具

熊本県八代市・入江健二さん

レタスやトウモロコシの栽培に欠かせないマルチ。設置や片付けの手間を減らすために考えた道具を紹介します。

＊二〇一三年五月号「マルチの加工料削減　ミシン目付け器と植え穴あけ器」／二〇一四年三月号「回収が楽しくなる　マルチ巻き取り機」

ウネ成形マルチ張り機に取り付けたミシン目付け器。マルチを張るのと同時にミシン目と植え穴の印を付けられる

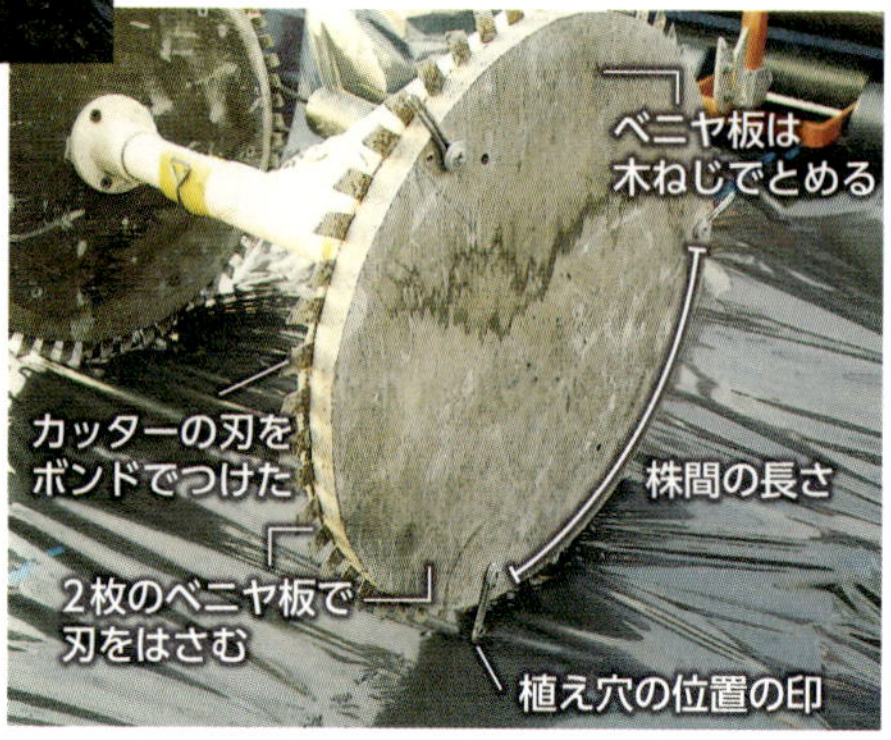

ミシン目付け器

ミシン目付きマルチはトウモロコシやキャベツの収穫後、残渣を片付けなくてもはがせるので便利です。しかし、加工料は安くありません。そこでマルチにミシン目を付ける道具を作りました。

植え穴開け器

四条植えのレタスのマルチに植え穴を開ける道具も作りました。穴開きマルチは穴に草が生えやすく、雨で肥料分も流れてしまいますが、これなら植え付け時に手間をかけずに穴を開けられます。

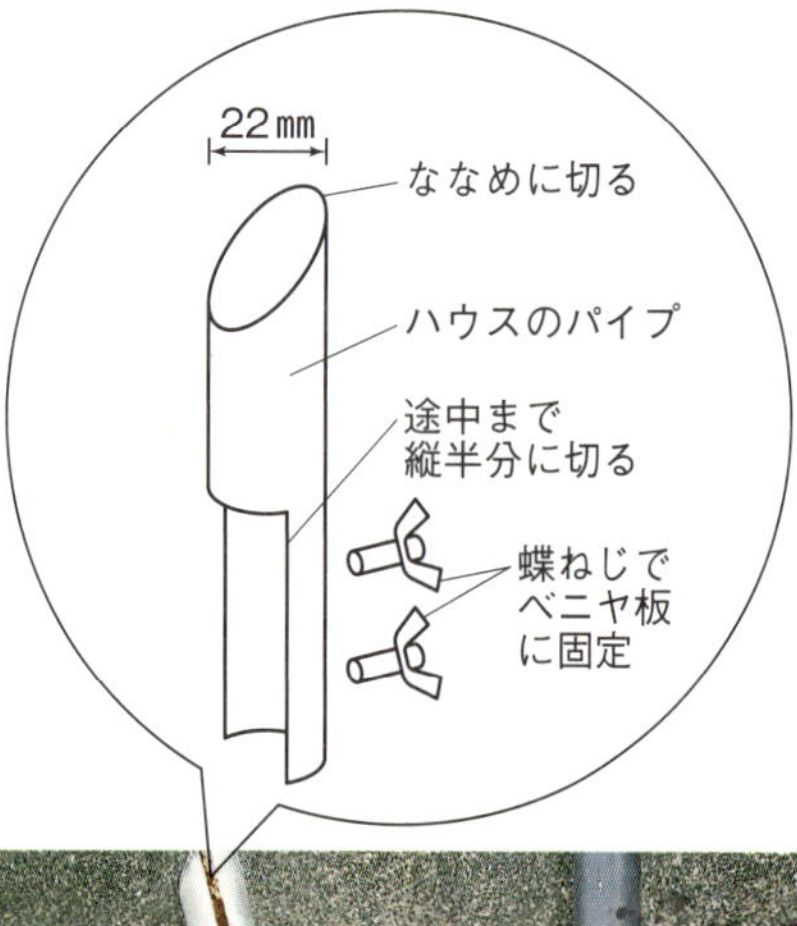

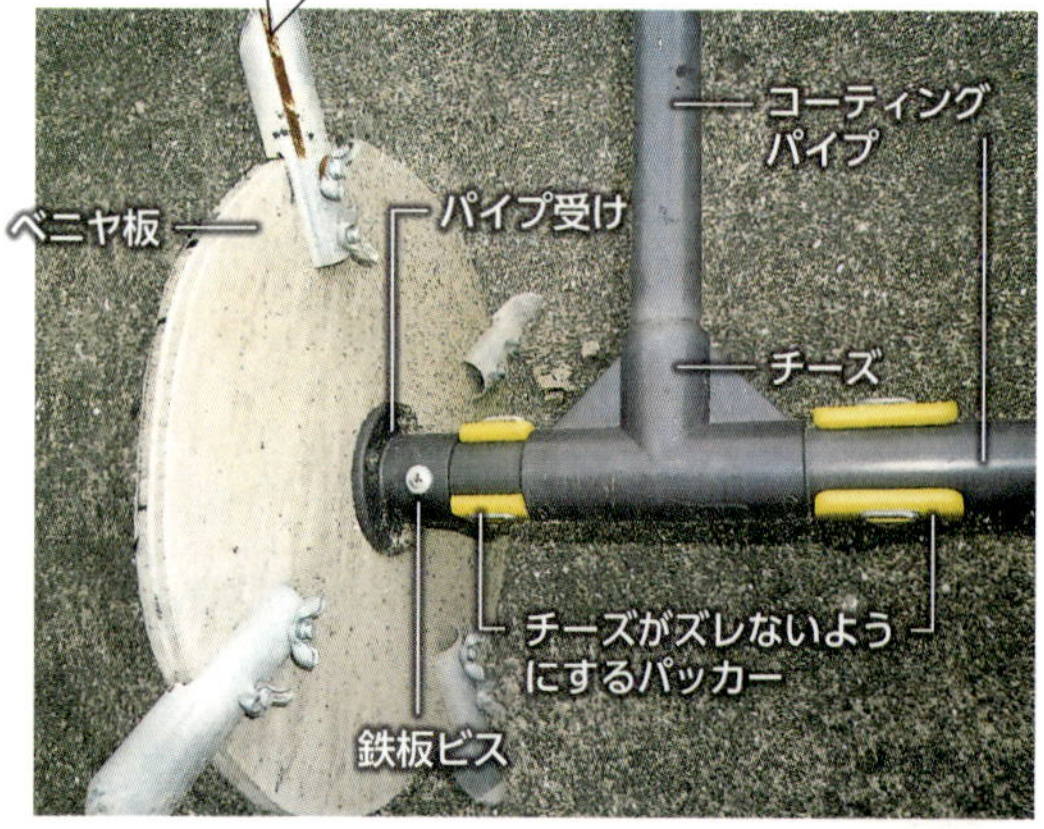

鉄板ビスでパイプ受けとコーティングパイプ（25㎜）を固定。チーズの部分でパイプが回転する

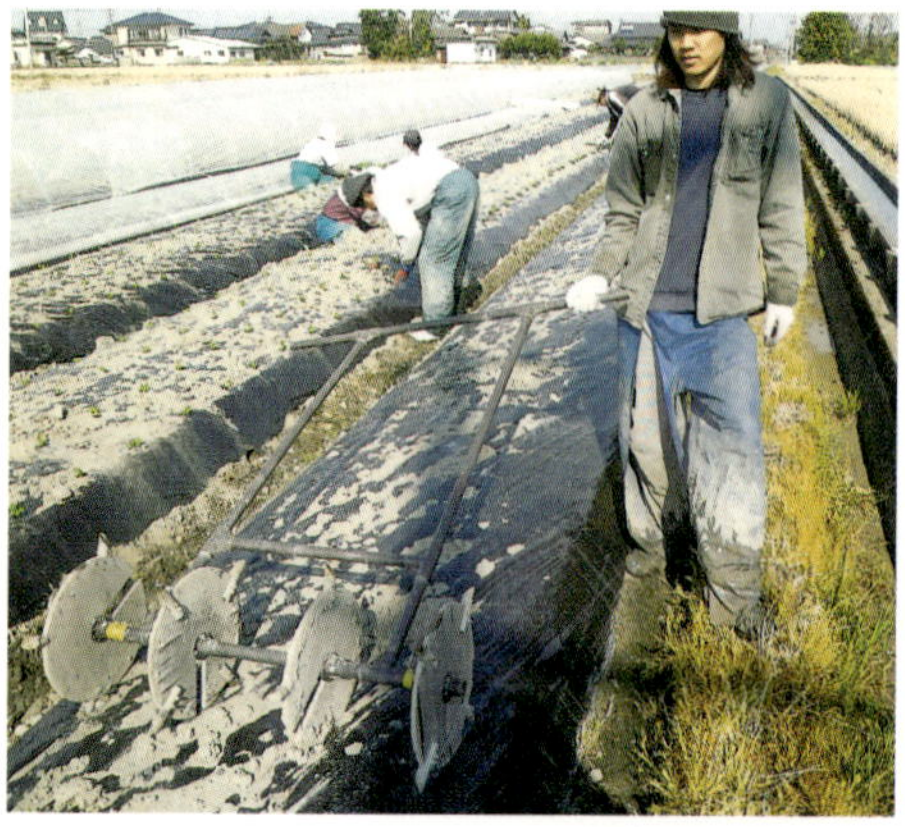

レタスの植え穴開け器

マルチ巻き取り機

土や水が付いたままのマルチを回収するのは大変な作業。この機械は、「マルチ回収＝楽しい」となるように考えました。

巻き取ったマルチの１カ所を縛り、反対側をノコ鎌等で切って取り外す。ハウスの中で干して乾燥させれば軽くなり、マルチの処理費が安くなる

１秒で１m40㎝ほどのマルチが巻き取れる（赤松富仁撮影、以下も）

巻き取り車はエンジンの動力で回転（減速機も使用）。使わなくなったイグサの苗掘り取り機や、一輪車のタイヤを利用し、５万円で鉄工所に作ってもらった

動噴防除の悩み解決

吸水・攪拌装置

山形県中山町・結城昭一さん

動力噴霧機で防除する時、薬液が減って吸水がいったん停止すると、タンクを傾け、残液を片隅に集めてから防除を再開するというのが以前の私のやり方だった。そんな手間をかけずに薬液を可能な限り散布しきるための吸水装置と、余水を利用して薬液を攪拌する装置を考案した。

＊二〇〇六年六月号「動噴防除の悩み解決　吸水装置と攪拌装置」

吸水装置

吸水ホースの先に、ラッパ型吸い込み口とそれを安定させる升を付けた。升は、ストレーナになるよう布で覆う。写真の右は布を外した状態

攪拌装置（タンク300～500ℓ用）

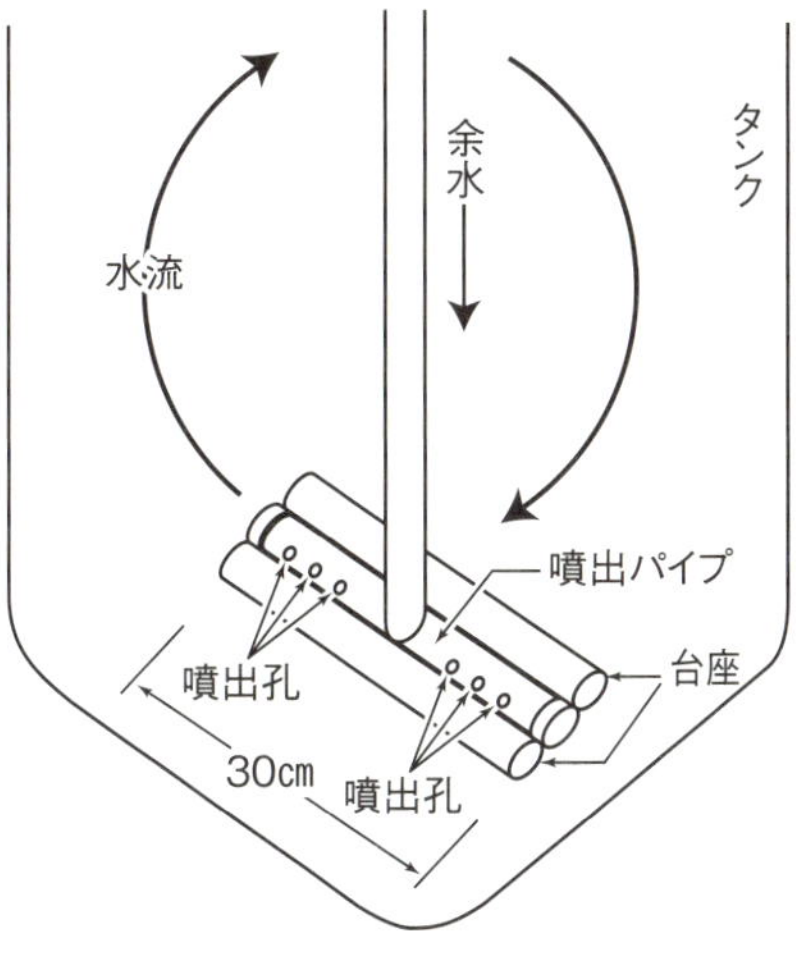

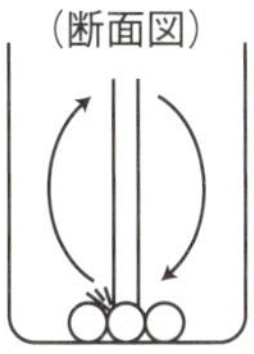

余水ホースの先に塩ビパイプを組み合わせて作ったもの。噴出孔の直径は３～５㎜で、両側に３つずつ、すべて斜め上を向けて開けてある。薬液が上下方向に攪拌され、水平方向に攪拌するよりも濃度が均一に保たれる

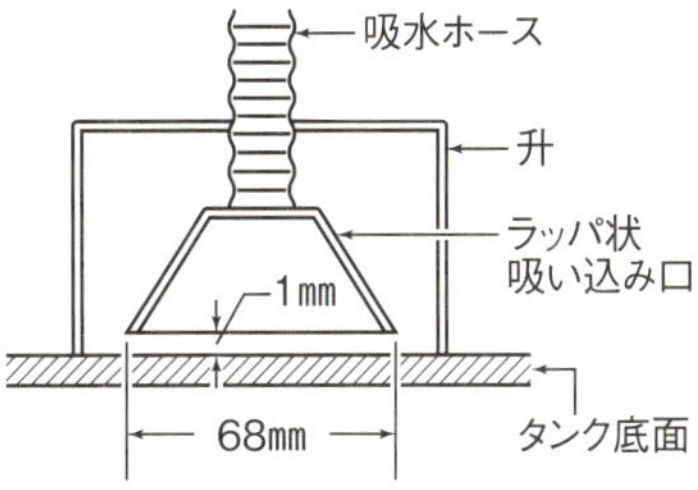

筆者が使っている動噴の吸水ホースの内径は16㎜。この場合、ラッパ状に広げた吸い込み口の直径が68㎜あれば、底面との間隔を1㎜まで近づけることができる

たくさん積める、座って収穫

イチゴの収穫台車

熊本県和水町・吉永智紘さん

コンテナが6枚載るように改造した収穫台車に乗る筆者

HARAX 製RS700S を改造。コンテナを載せるガイド付きの直管パイプ（22㎜）と後ろから押せるハンドルを取り付けた

脱サラしてイチゴ栽培を始めました。一般的なウネをまたぐ収穫台車は、前かがみの中腰で押しながらイチゴを収穫します。このスタイルでは、サラリーマン上がりの軟弱な腰はすぐに悲鳴を上げます。そこで座って収穫できる台車を買って、収穫コンテナが六枚載るように改造しました。株の手入れにも使え、一日作業しても腰の疲労がまったくありません。

＊二〇一三年九月「たくさん積めて、腰痛さらば　座ったままのイチゴ収穫台車」

つる下ろし栽培の収穫がラク

トマトの収穫台車

栃木県真岡市・小川幹夫さん

自作した収穫台車に乗る筆者。トマトはつる下ろし方式なので、伸ばした手の位置に果実がなる。進行方向はバック

鉄の鋼材に車輪を付け、回転椅子のシートと背もたれ部分を溶接して取り付けた。材料はホームセンターで揃えることができ、2万～3万円ほどあれば作れる

つる下ろし栽培では、収穫するトマトが地面すれすれの低い位置になります。手押し台車だと立ったりしゃがんだりになるため、乗用の収穫台車を作りました。座ったまま収穫できるので、おかげで腰痛がなくなりました。

コンテナを置く二つの枠のうち、手前の枠を一〇度ほど傾けたのがミソ。コンテナが斜めになるので、移動しながらでもトマトは転がりません。

＊二〇一四年十一月号「コンテナを斜めに置ける　トマトの乗用式収穫台車」

ブロードキャスタにスムーズ肥料補充

ザクザクセーフティー！

ＪＡ幕別町・安部史郎さん

ブロードキャスタに肥料を補充するのに、以前はリフトで吊り上げた肥料パックを鎌で引き裂いていました。この「ザクザクセーフティー！」をホッパーに付ければ、肥料パックを刃の上にゆっくり下ろすだけ。人が近づかなくてすむので安全でラクです。ＪＡ幕別町青年部明野新川支部で生まれたアイデア農機具です。

＊二〇一二年十月号「ブロードキャスタへスムーズ肥料補充　ザクザクセーフティー！」

刃
Lアングル

平鉄を尖らせて作った刃（上から見るとTの字になるように溶接してある）

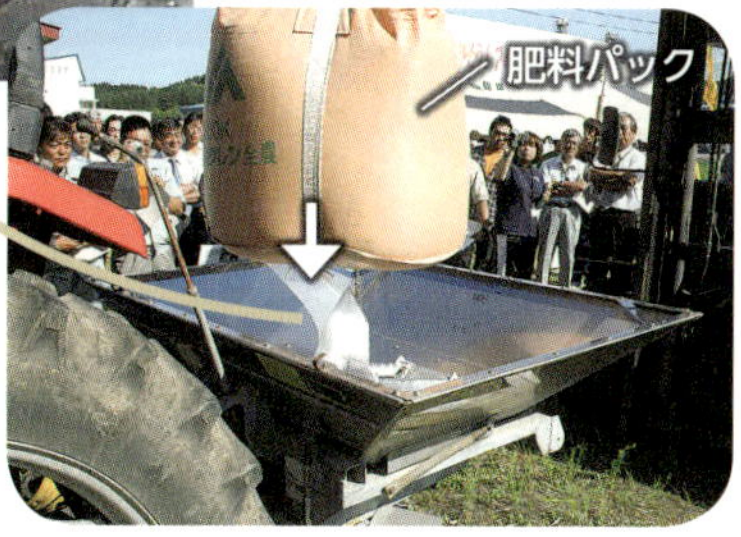
肥料パック

ブロードキャスタのホッパーの中に刃が取り付けてある。リフトで吊った肥料パックを、刃の上にゆっくり下ろす

肥料パックが破れ、肥料が出てくる

石灰防除がラクラク

改造ブロワー

愛知県田原市・小久保恭洋さん

病害対策に、今や欠かせない資材となった石灰。キク農家の小久保恭洋さんは、ブロワーを改造して簡単に石灰散布できる道具を作った。左手でブロワーを操り、右手でじょうごに石灰を注ぎ入れると、ブロワーから送り出される風に引っ張られるように石灰が吸い込まれ、猛烈な勢いで噴口から飛び出すという仕組みだ。

＊二〇一三年六月号「石灰防除改造ブロワーでラクラク」

編

ブォーン

約300坪のハウスに石灰（炭酸カルシウム）を4ℓまくのに5分かからない（田中康弘撮影、以下も）

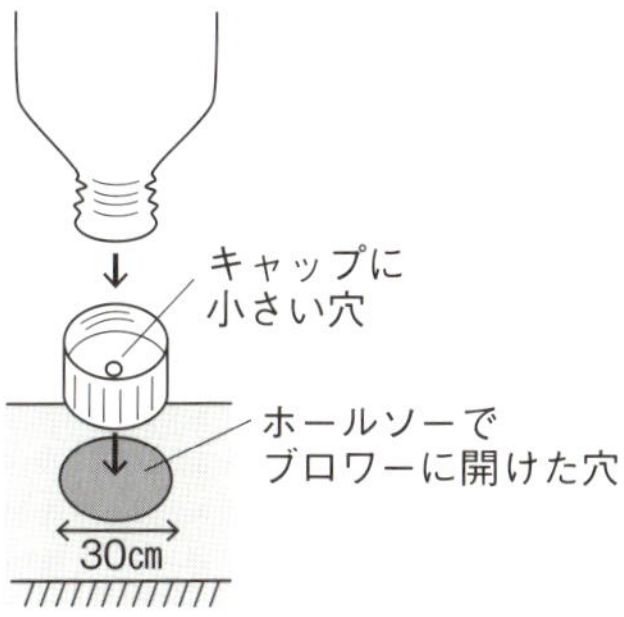
キャップに小さい穴
ホールソーでブロワーに開けた穴
30㎝

ペットボトルのキャップに小さい穴を開ける。ブロワーの3㎝の穴にこのキャップがピッタリ合う

上が4ストロークのエンジンブロワー。散布量に応じてじょうご、2ℓのペットボトル、500㎖のペットボトルを穴（矢印、直径3㎝のホールソーで開ける）に差し込む。下の小型電動ブロワーはスポット散布に使用

畑の草を
根こそぎ取れる

草取り爪

栃木県大田原市・小山田正平さん

2本の鋼鉄線を地中で回転させることで草を取る除草爪。左が下面、右は上面

農家ならどこにでもある刈り払い機を利用し、簡単に「草取り」ができる除草爪を開発しました。チップソーなどの草刈り用の刃をこの除草爪に替えて使います。円形金属板（ナイロンカッターの皿部分を利用）に付けた鋼鉄線の爪が地中で回転することで、雑草を根こそぎ取ることができます。

＊二〇一〇年五月号「刈り払い機に付けられる除草爪」／二〇一〇年八月号「除草爪の作り方」

ローター（直径13㎝）はナイロンカッター用のものを利用

準備するもの

①Rピン：径4㎜（トラクタや耕耘機のロータリ用）を2本、②ローター（商品名：マニアルローター）、③ピン固定用ネジ（六角ボルト）：径8㎜、長さ1.5㎝を2組。

そのほか加工道具として、ドリル・鉄鋸・ノギス・万力・ヤスリ（平型・丸型）・ペンチ・ドライバー・ハンマーなど。

ローター底面を地面に付けて、爪が地中で回転するようにして使う。ローターが止まらない程度にエンジン回転を調節しながら使う

ローターの加工

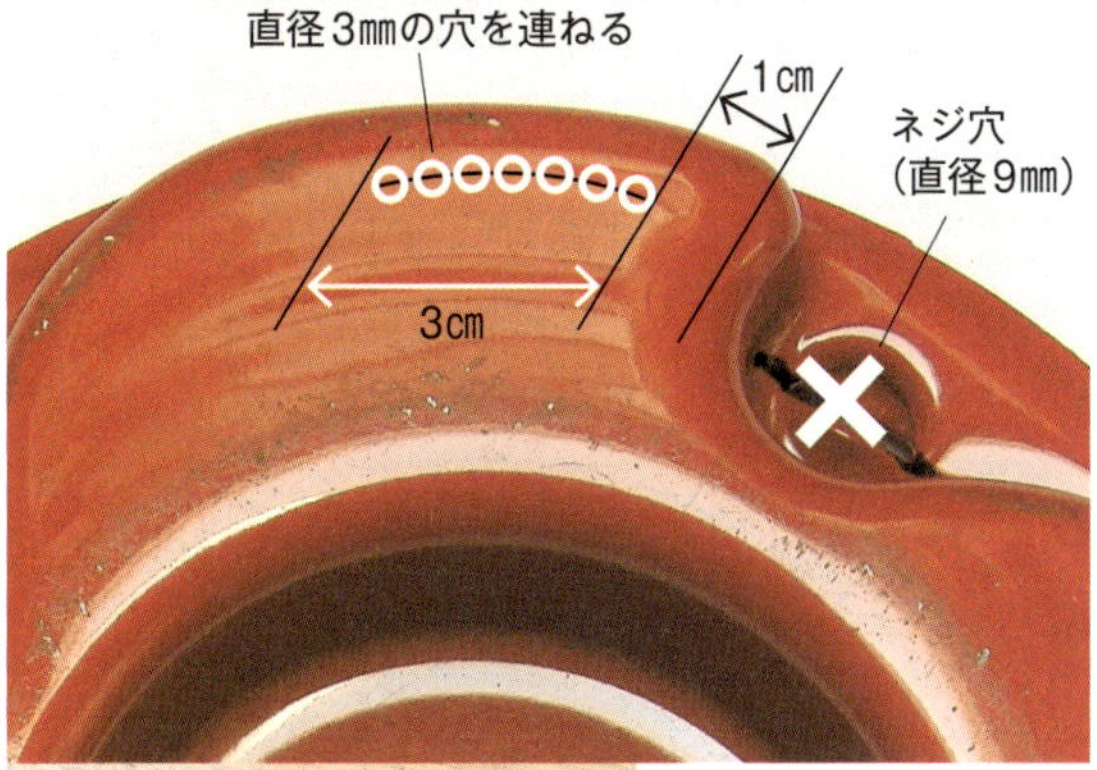
爪の穴の下地。
直径3㎜の穴を連ねる
1㎝
ネジ穴
（直径9㎜）
3㎝

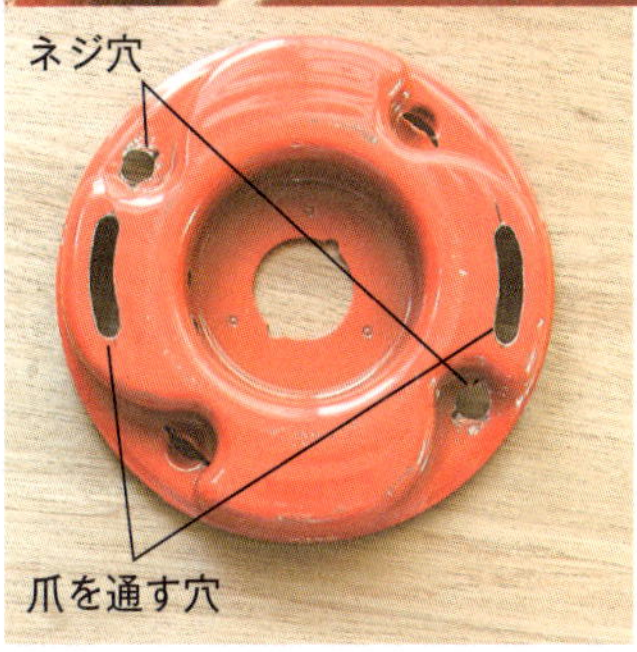
ネジ穴
爪を通す穴

ネジ穴と爪用の穴の位置

ローターにネジ穴、爪用穴を開けた状態（下面側）

❶ナイロンコードの取り出し口の穴を利用してネジ穴を作る。元の穴のまわりをハンマーで平らにしてから、左の写真の×印の位置に直径9㎜の穴をドリルで開ける。

❷爪を通す穴（切り込み）を作る。写真のようにマジックで約3㎝の線を引いてから、3㎜のドリルで穴を開け、ヤスリで削って仕上げ。幅は5㎜・長さ3㎝ほどの穴にする。

爪の加工と取り付け

❸右の写真のように、Rピンを万力やペンチ・ハンマー・ドライバーなどを使ってまっすぐにのばす。

❹のばしたピンの先端部をネジで固定できるように曲げて完成（この曲げ方は、Rピンの太さやネジの位置、爪を通す穴の位置に合わせて決める）。

❺ローターの反対側（使用時は上側になる）に、爪を支える切り込みを入れてから、六角ボルトでしっかり固定。

❻爪の固定後、突き出た爪を約3㎝の長さに揃えて完成（鉄鋸で切断）。

Rピンを爪に加工する順序

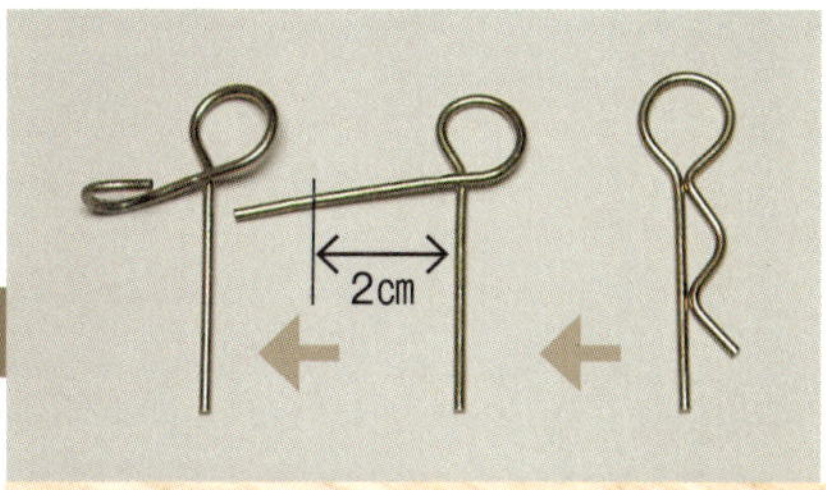
2㎝

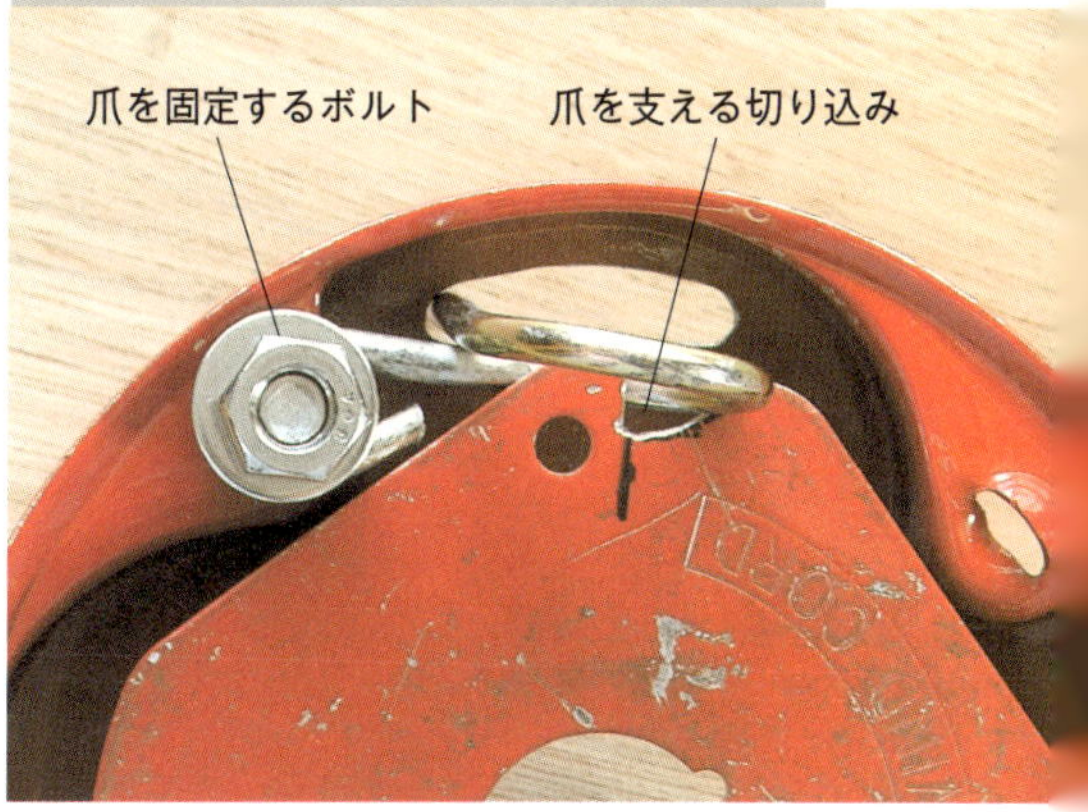
爪を固定するボルト
爪を支える切り込み

爪の固定のしかた（上面側）

DVDでもっとわかる

畑の草取り機

愛媛県宇和島市・**影山芳文**さん

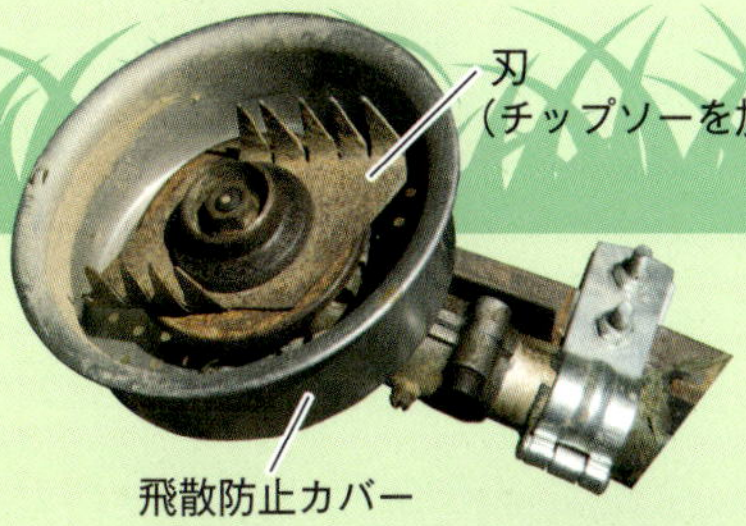
刃
（チップソーを加工）
飛散防止カバー
（台所用ゴミ受け）

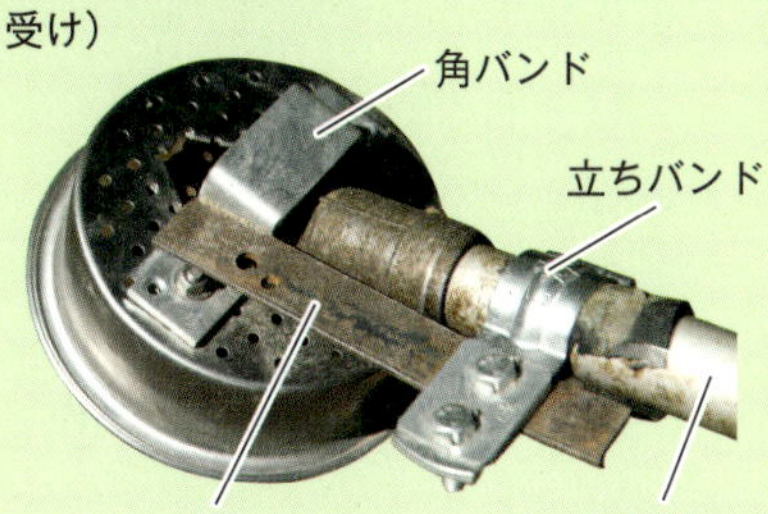
角バンド
立ちバンド
鉄板
刈り払い機

畑の小さい草を取るのに便利な草取り機です。15ページの手押し式草刈り機に取り付けて使います（エンジンは低速で）。刃は使い古しのチップソーを切って加工しました。飛散防止カバーは、100円ショップで買った、台所の流しに置くステンレス製のゴミ受けです。

＊2012年7月号「刈り払い機を改造　ウネ間専用草取り機」

燃料代が安くすむ

PTO駆動のポンプ

宮崎県延岡市・安藤悦美さん

タンクからの吸い込み口は50㎜、吐き出し口は50·30·25㎜の3つに切り換えられる。ポンプは㈱カルイのキャナルポンプ

トラクタはトルクが大きいので、PTOに大きい径のプーリーを付けて低速で運転できる

500ℓタンクを載せる自作トレーラ

近くに水源のないハウスでつくるアスパラの散水用に、トラクタのPTOで回す散水ポンプを作りました。ガソリンエンジンのポンプを使うより燃料代が安くすみます。

タンクに入った散水用の水は、水源が離れているときは軽トラックで運びますが、近くの用水路に水が流れる季節になると、五〇〇ℓタンクを載せられる専用の自作トレーラをトラクタで牽引して、水のくみ上げもこのポンプで行ないます。

＊二〇一一年七月号「燃料代が安くすむPTO駆動のポンプ」

リヤカーで移動自在

ソーラーポンプ

広島県三原市・秦 秀治さん

パネルを支える台はスチール製の組み立て金具を利用

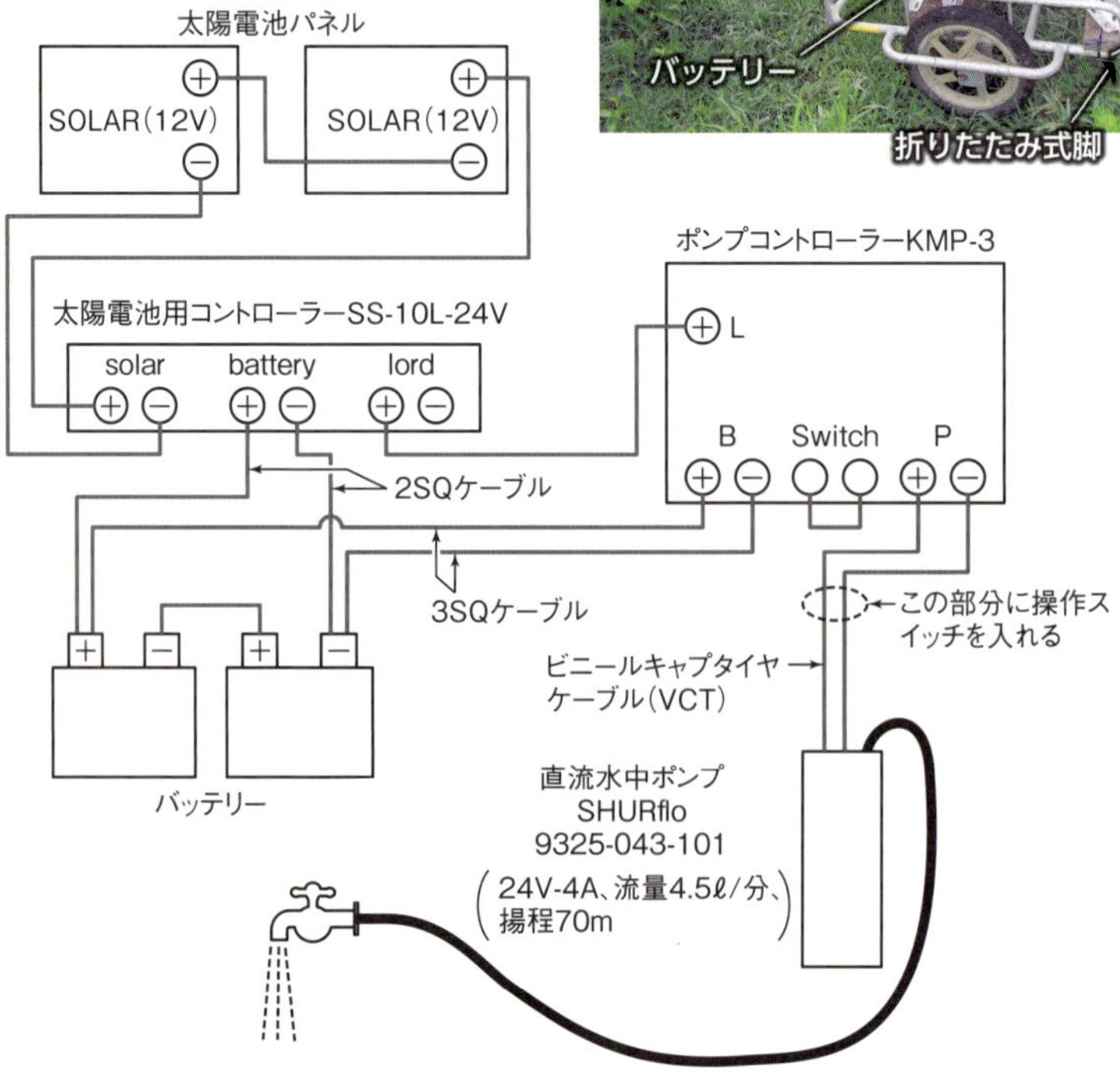

太陽光パネルで発電した電気を利用して深井戸から水を吸い上げるポンプを、アルミのリヤカーの上に組み立てました。移動式にしたのは、太陽光パネルが風で倒れやすいので、使わないときは納屋へ格納できるようにと思ったからです。

ポンプの能力は十分。深さ五mの井戸からくみ上げた水は、井戸の縁からさらに二・五m上の畑に設置した散水チューブをパンパンに膨れさせ、勢いよく散水できます。

＊二〇〇六年七月号「移動式 太陽電池ポンプ」

バックホー農業に

オリジナルバケット

佐賀県武雄市・横田初夫さん

農耕用トラクタには作業に応じた作業機があります。そこでバックホーにも、農作業がしやすくなるようなバケットを作ってみました。これらは、建設機械全般の修理加工をしている地元の会社に相談して製作してもらっています。

＊二〇一二年三月号「オリジナルバケットでバックホー農業自由自在」

モミガラ積み込み用

モミガラは軽いのでかなり大きく作った。軽トラダンプなどの枠を取り付けた荷台に積み込むには高く持ち上げたいので、バケットは通常と反対向き

サトイモ掘り用

バケットというか、イモを掘り出すための４本の鉄棒で作った爪

10秒で変身、モノがつかめる

バケットハンド

千葉県佐倉市・志々目邦治さん

バックホーの、バケットとハサミでの作業を両立するアタッチメント「バケットハンド」を考案しました。片手で持てるくらい軽量で、普段はバックホーのアームに収納が可能です（溶接不要で機械を傷付けません）。アームを反転するだけですので、収納も装着もわずか一〇秒です。

＊二〇一三年九月号「一〇秒で変身　モノがつかめるバケットハンド」

ハンドを伸ばした状態

バケットハンドを使うときは、連結ピンの位置を変えてハンドを反転させる

ハンドを収納した状態

クルクルでラクラク

糸巻き式トンネル開閉装置

江川厚志さん

北海道名寄市の村岡幸一さんが、イネやタマネギの育苗に際して、奥さんのトンネル管理をラクにするために作った装置です。ヒモを巻いてシートを開閉する仕組みで、五〇坪ハウスに設置したトンネルの場合、二〇分かかっていた作業が二分程度でできるようになりました。また、開閉具合を調節できるようになり、生育ムラも減りました。

（北海道宗谷農業改良普及センター）

＊二〇一三年四月号「クルクルでラクラク糸巻き式トンネル開閉装置」

開閉作業が早く開閉程度を細かく調節可能

支柱A
ハンドル
巻き取りパイプ（19㎜のリブラントチューブ）

ハンドル（クランク状）を回すと糸巻きのヒモ（矢印）が巻き取られてシートが引っ張られる

市販品を加工した接続部材にヒモ（太さ3㎜程度）を結ぶ

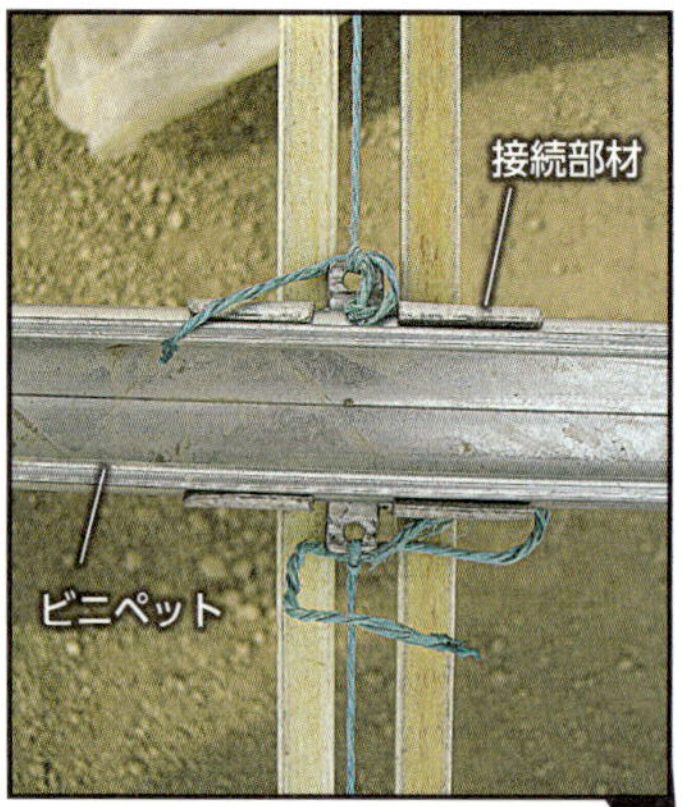

接続部材
ビニペット

1.8mおきに設置する支柱A

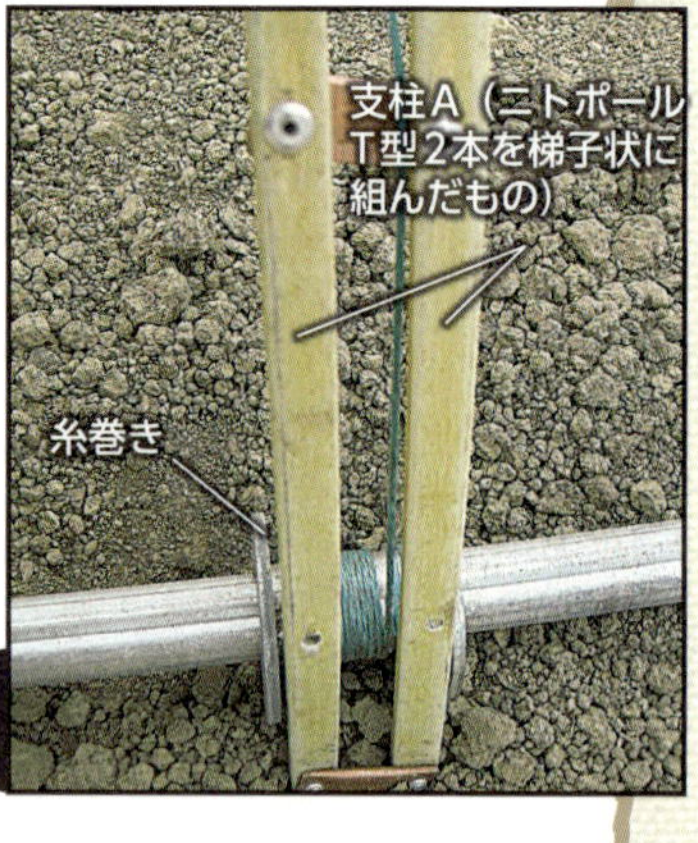

支柱A（ニトポールT型2本を梯子状に組んだもの）
糸巻き

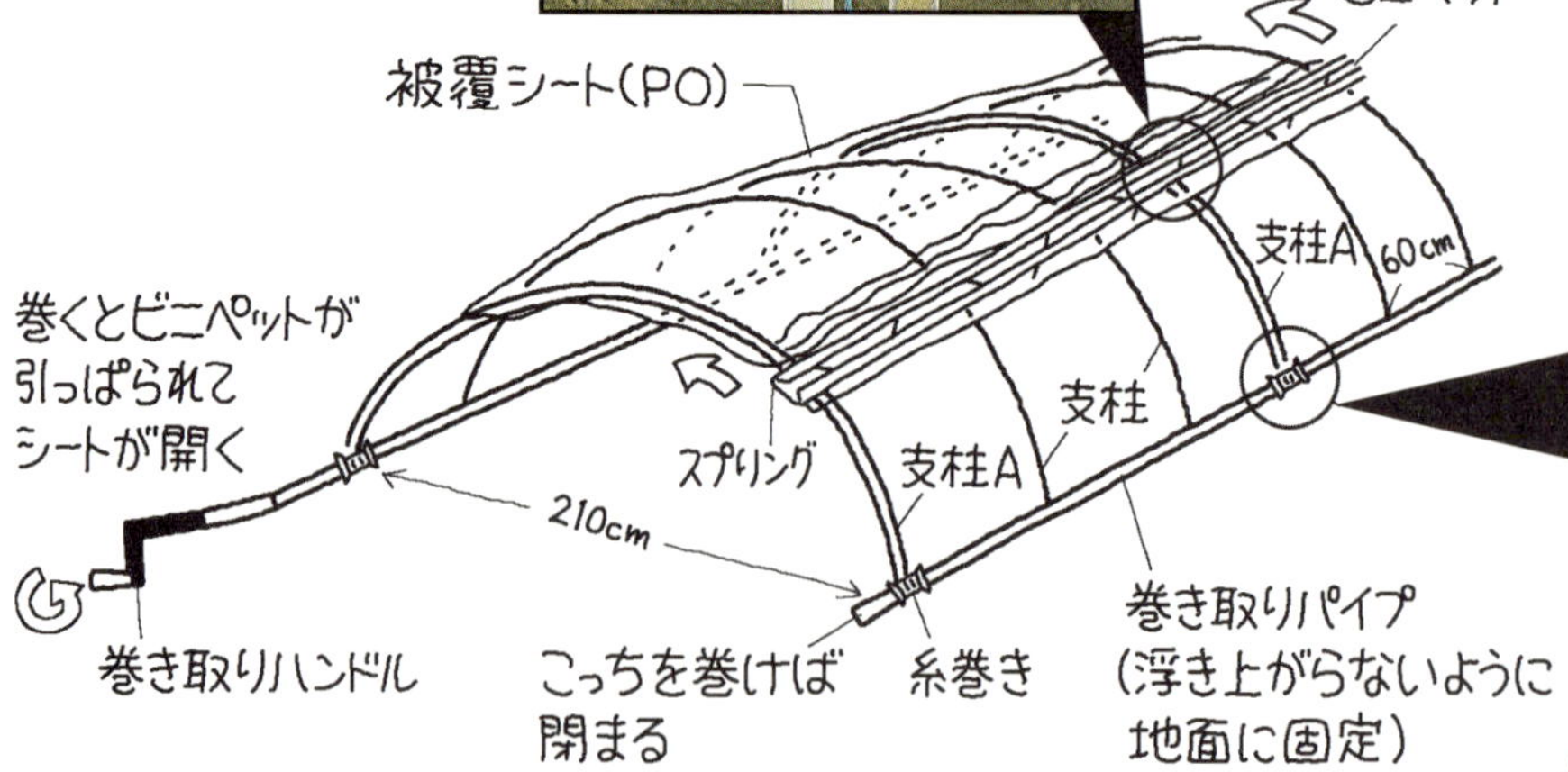

ビニペット
被覆シート（PO）
支柱A
60cm
巻くとビニペットが引っぱられてシートが開く
スプリング
支柱A
支柱
210cm
巻き取りハンドル
こっちを巻けば閉まる
糸巻き
巻き取りパイプ（浮き上がらないように地面に固定）

トンネルハウスのラクラク農機具

開けるも閉めるも秒単位

簡易開閉式トンネル

酒井博幸さん

ハウス内に簡易に設置でき、容易に開閉できるトンネルを開発しました。妻面一方側から押し引きして開閉する仕組みで、ビニールを上げ下げする必要はありません。写真のようなトンネルなら開くのに約九秒、閉めるのに約一三秒。保温性も慣行トンネルと同等です。

（宮城県農業・園芸総合研究所）

＊二〇一三年四月「ワンタッチでラクラク　簡易開閉式トンネル」

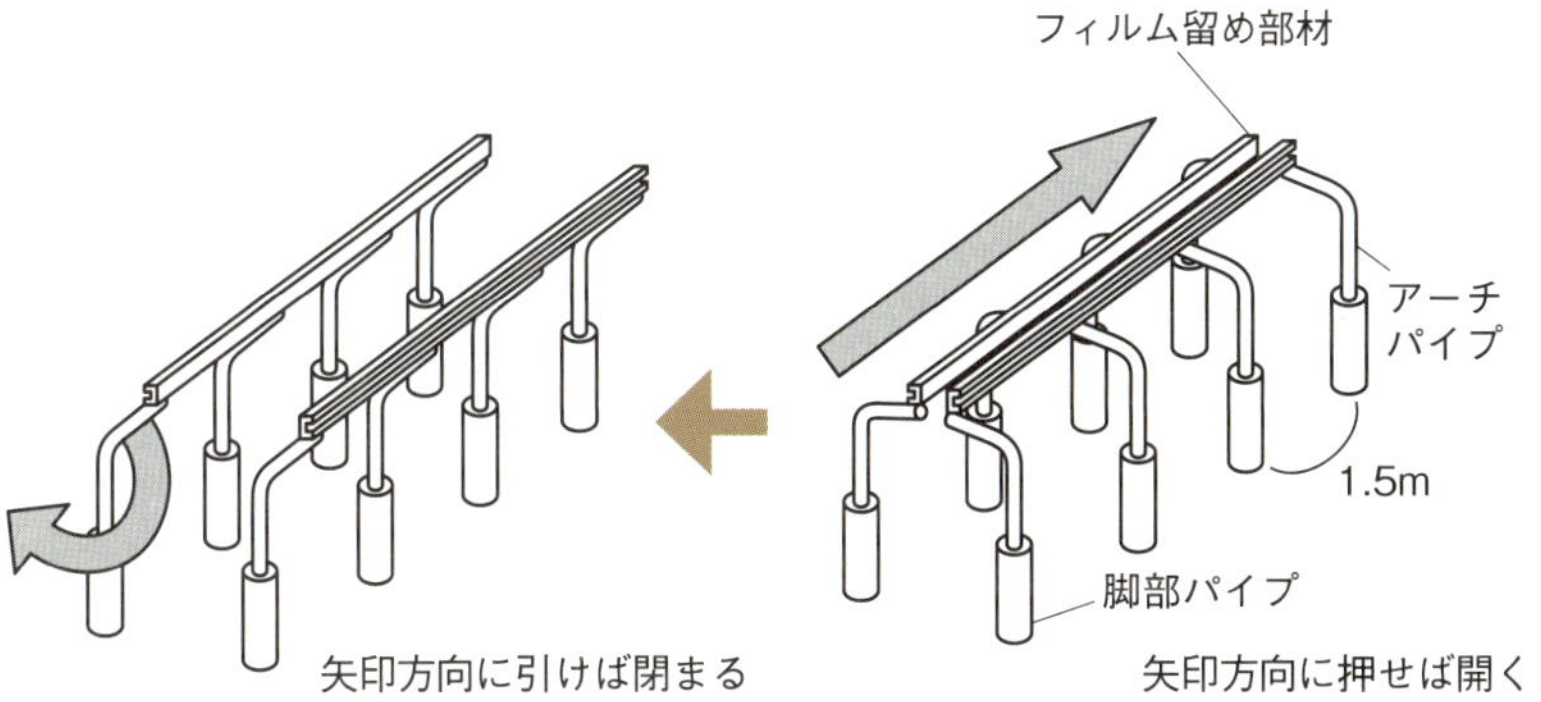
フィルム留め部材
アーチパイプ
1.5m
脚部パイプ

矢印方向に引けば閉まる　　矢印方向に押せば開く

70cm程度に切断した直管パイプ（直径22 ～ 25mm）を1.5m程度の間隔で立てて脚部とする（30cm程度地面に埋め込む）。脚部パイプに、一回り細い（直径16 ～ 19mm）アーチパイプ（直管パイプを加工）を差し込み、上端をフィルム留め部材でつなぐ。フィルムをスプリングで固定し、アーチパイプの上から垂れ下がるように左右にかぶせて完成。48mトンネルで経費は約6万円

開いた状態
脚部パイプ
閉じた状態

ラクにテープが貼れる

天井ビニール補修具

京都府南丹市・山口正治さん

ハウス天井中央の直管パイプとマイカー線が交差するところが、こすれて穴が開きやすい。そこに補修テープを貼るため、山口さんが作ったのが写真の道具。手を離しても天井ビニールと直管パイプとの間に隙間ができるので、両手を使ってラクにテープが貼れる。編

＊二〇一二年十一月号「ラクにテープが貼れる　天井ビニール補修具」

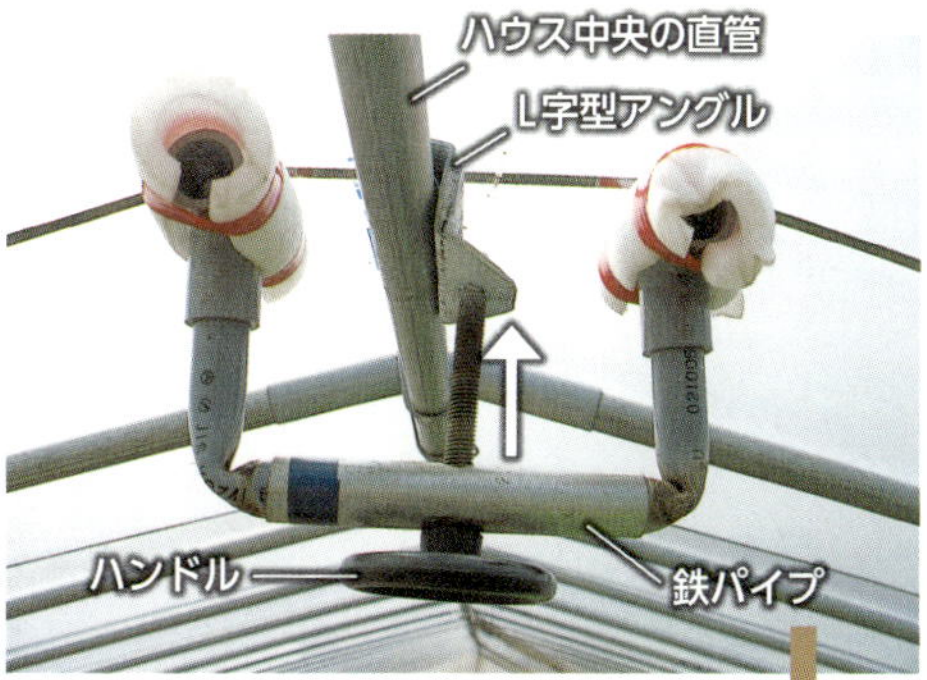
ハウス中央の直管
L字型アングル
ハンドル
鉄パイプ

ハウス中央の直管（25mm）に、L字型アングルをひっかける。アングルには直管を固定しやすいように、25mmパイプ用ジョイントを半割りしたものが溶接されている（図）。ハンドルを回すと鉄パイプが押し上げられ…

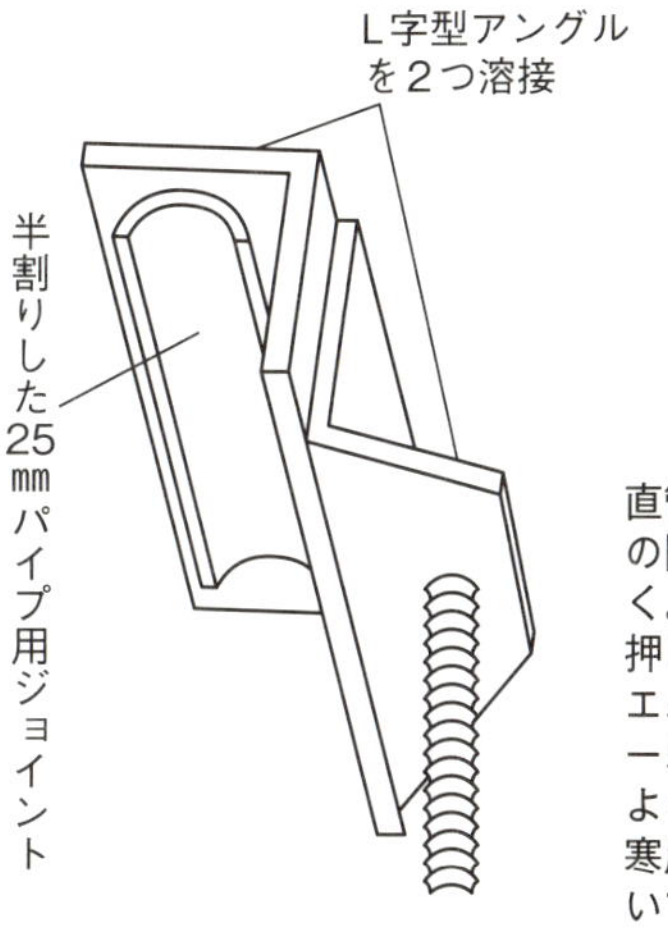
L字型アングルを2つ溶接
半割りした25mmパイプ用ジョイント

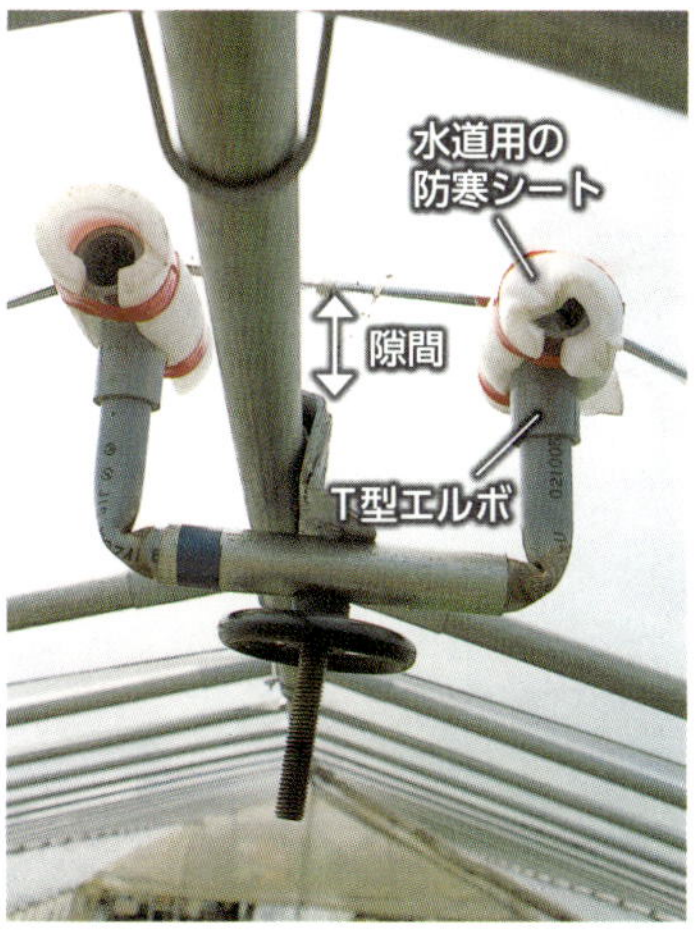
水道用の防寒シート
隙間
T型エルボ

直管とビニールの間に隙間があく。ビニールを押し上げるT型エルボにはビニールが傷まないように水道の防寒用シートが巻いてある

電気ハンマードリルを利用

パイプ・鉄筋打ち込み機

広島県安芸高田市・**桑原 博さん**

電気ハンマードリルを利用、先端のノミの部分を改造した。これはパイプ打ち込み用

水耕ネギを栽培する私が、長年愛用しているハウスパイプや鉄筋の打ち込み機を紹介します。電気ハンマードリルのノミの部分（先端部）を改造したものです。パイプ打ち込み用と鉄筋打ち込み用の二種類があります。鳥獣害対策の柵を立てる鉄筋を打ち込むのにも便利です。

＊二〇一二年三月号「ハウスパイプ・鉄筋打ち込み機」

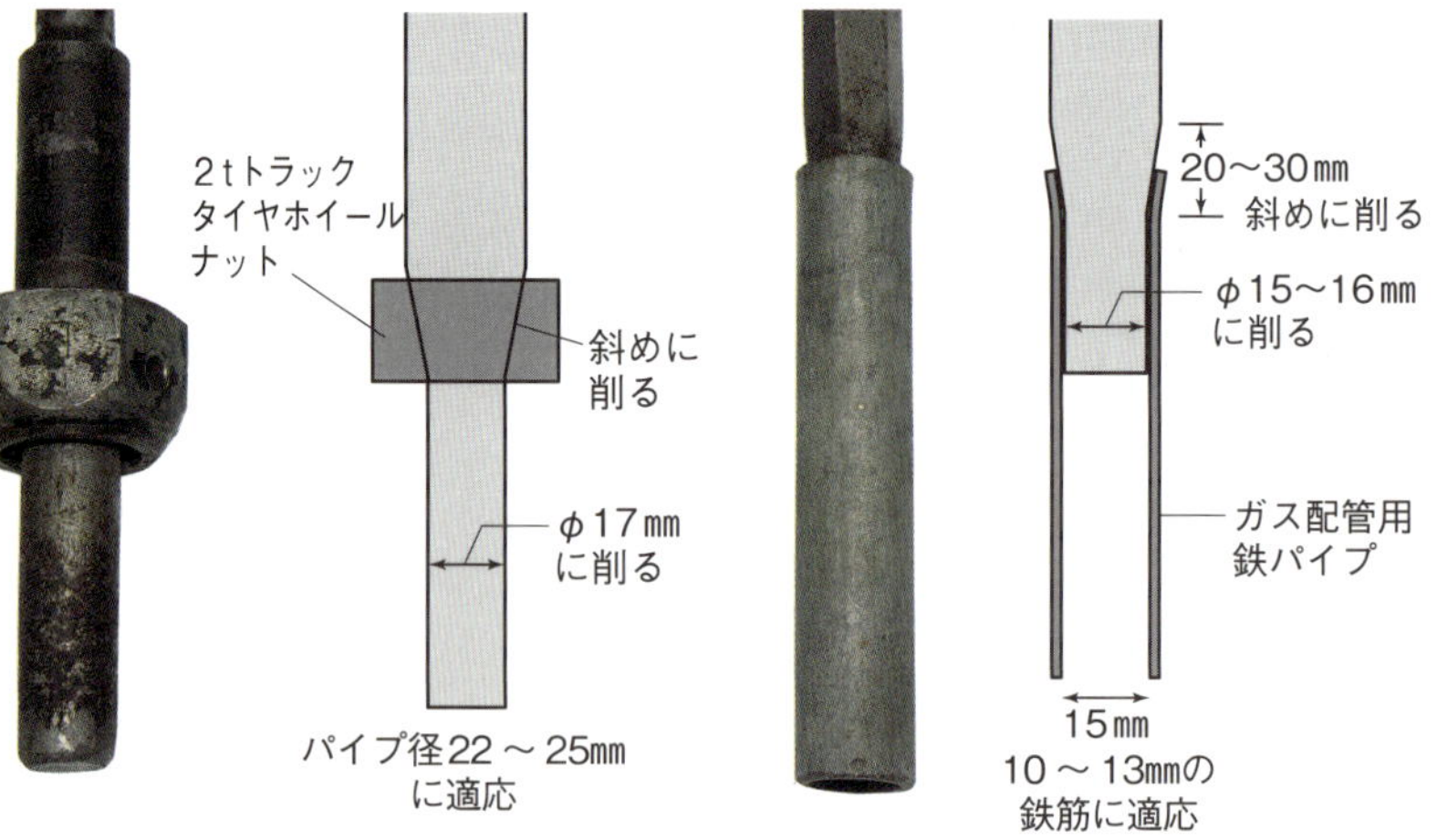

左はハウスパイプ用の先端部、右は鉄筋用。左のナットや右の鉄パイプは、一度強く打ち込むと抜けなくなる

足でパイプを刺せる

パイププッシュ

徳島県阿南市・**竹治孝義さん**

この「パイププッシュ」を使うと、事前に穴を掘ることなしに、トンネルのパイプ（支柱）をそのまま地中に刺すことができる。重さは一・六kgで持ち運びやすい。ゴムは、厚く、軟らかい、ベルトコンベアのものを使用している。

＊二〇一四年三月号「挟む・乗るでパイプが埋まる　パイププッシュ」

2つのゴムのあいだにパイプを固定。ステップに力を込めると、パイプが地中に埋まる。パイププッシュ（持ち手）の長さは143cm。ステップは20cmほど

足で踏む力で抜ける！

杭抜き器

山口県下関市・田阪和広さん

ペダルを踏むとラクに
杭が引き抜ける

ペダルから足を離すと挟み板が戻るようにするためのバネ

杭抜き器内部の様子

切り花の栽培では、花の倒伏防止に杭を打ち込み、ネットなどを張る場合が多いかと思います。会社勤めをしながら農作業の手伝いをしていた私は、ある日、母といっしょに数百本に及ぶその杭を抜く作業をしていました。若い私にはなんとか抜けても、母にはそれがたいへんな重労働のようでした。どうにかしてラクにしてやることはできないかと考えて作ったのがこの「杭抜き器」です。

発想の原点は体重を利用すること。足をかけてペダルを踏む力を、杭を抜く向きに変えるのに滑車を利用しました。足を掛けるペダルと杭の挟み込み部は、動滑車一個と定滑車二個を介して互いにワイヤーでつながれています。ペダルを踏むと、挟み部が上方へ引き上げられる構造です。滑車の作用で、杭はペダルを踏み込む足の力の三倍の力で引き抜かれるので、多少強く打ち込まれた杭でも容易に引き抜くことができます。

＊二〇〇二年十一月号「母をラクにしたくて作った杭抜き器」

杭抜き器のしくみ

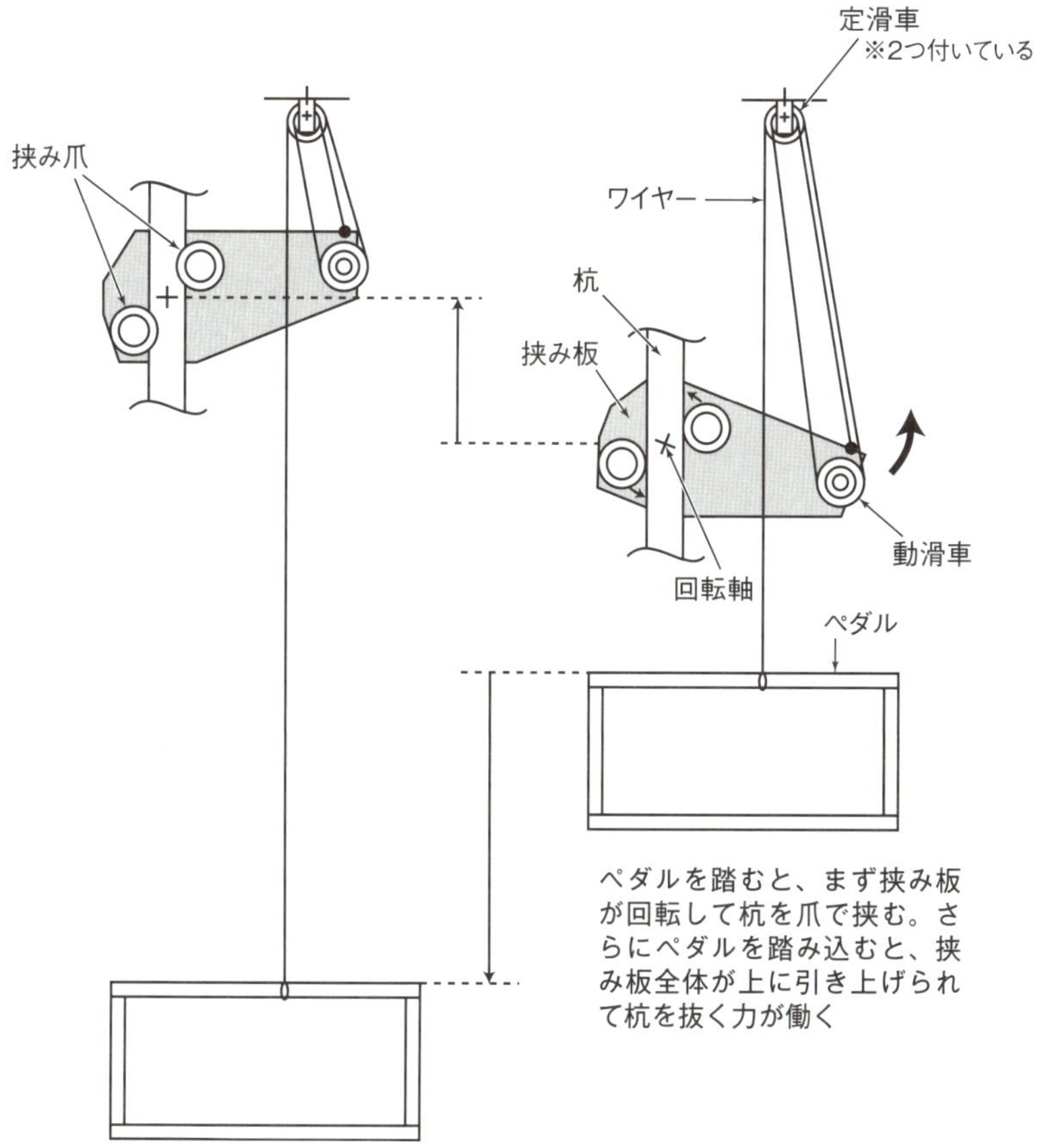
定滑車
※2つ付いている
挟み爪
ワイヤー
杭
挟み板
動滑車
回転軸
ペダル
ペダルを踏むと、まず挟み板が回転して杭を爪で挟む。さらにペダルを踏み込むと、挟み板全体が上に引き上げられて杭を抜く力が働く

壊れたハウスを修繕

曲がったパイプを建ったまま直す

栃木県芳賀町・綱川仁一さん

綱川仁一さん。パイプのカーブが変形してしまったのを直しているところ

栃木県芳賀町の米麦農家・綱川仁一さんは、市販のバイスなどに手を加えた、パイプハウスの修理具を考案している。解体せず建てたまま補修できるのが大きな特徴で、三人が半日かければ、五・四m×三〇mの倒壊ハウスのパイプ修理が可能とのこと。

「折れ曲がり」を直す

折れて変形した柱のパイプ（アーチパイプ）を、市販のバイス（万力）を改造したパイプ修復用バイスで締めて丸く戻す。直すパイプは、天井のジョイント側のみはずし、地面のほうは抜かないでやったほうがいい。パイプの一端が地面で固定されるので、ぐらつかずに作業ができるからだ。

バイスのはさむ部分には、写真のような修復具（半割り状の鉄）が溶接してある。半割りバイスはホームセンターで買える。半割りの鉄の加工は難しいので、鉄工所などのプロに頼むといいという。

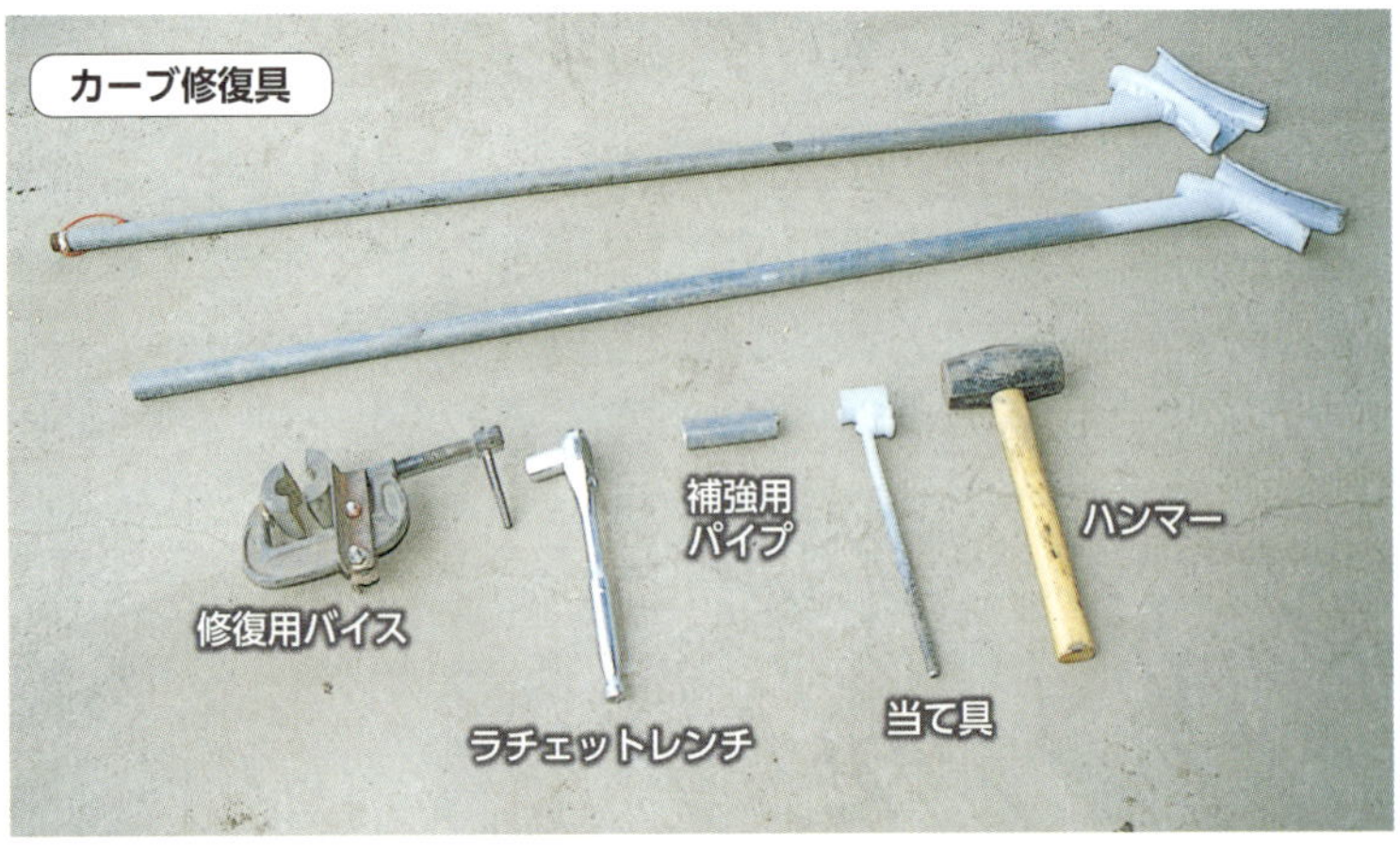

綱川さんが考案したパイプ修復用具の一式

「カーブ」を直す

パイプのカーブが変形してしまったのを元の形に直すには、柄の先端に修復用金具を付けたカーブ修復具（ベンダー）を用いる。金具は、半割りパイプをバナナの皮をタテに二分したような形に整形したもの。この金具で変形を直すパイプをはさみ、テコの原理で修復する。

どのパイプもカーブがきれいに揃うようにするには、手本となるパイプを横に置き、それと見比べながら直していく。手本にはハウスの妻側のパイプを抜いて用いる。妻側のパイプは、がっちりと支えられているので変形しづらいからだ。

「折れ曲がり」の修復部分を補強

最後に、折れ曲がりを修復した部分を補強する。修復部は、バイスの力もかかって弱くなっている。そこにひとまわり大きなパイプをはめ込んで補強する。

まず、修復したパイプの外側にすっぽりはまる内径で、長さ五〇～六〇㎜のパイプを用意する。これを修復パイプの端からすべり込ませて、折れ曲がりを直した部分まで持ってくる。カーブしている部分は動きが悪いので、ハンマーでたたいて移動。折れ曲がりの修復部分にきたら、しっかりと打ち込んで固定する。

（取材・西村良平）

＊二〇〇五年八月号「曲がったパイプを建ったまま直す」

●折れ曲がりを直す

バイスに溶接する修復具の作り方（鉄工所などのプロに頼むといい）

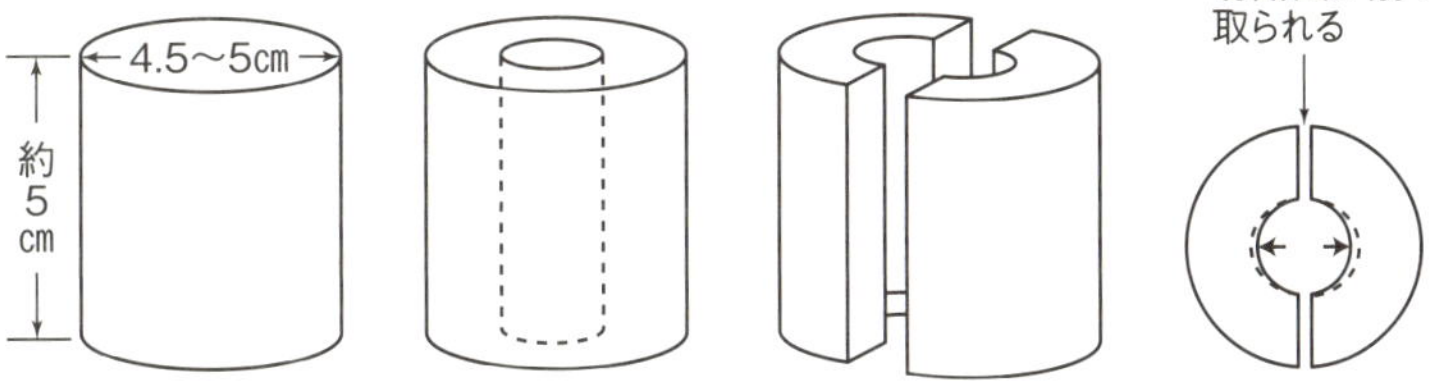
4.5～5cm
約5cm
切断面が削り取られる

①直径4.5～5cm、長さ5cmほどの鉄棒（円柱）を用意

②旋盤を使って中心部分をパイプの外径に合わせてくり抜く（外径22mmのパイプなら同じ22mmに）

③タテに半分に割る

④タテ割りにしたときに切断面が削り取られるので、2つ合わせたときにまん中になるよう、内側を削る（点線部）

パイプ修復用バイス

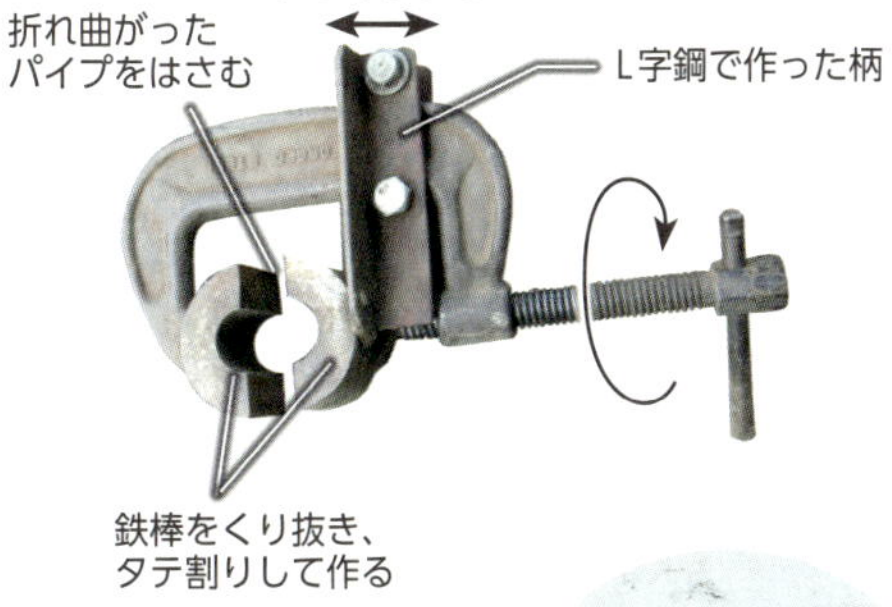
スライドする
折れ曲がったパイプをはさむ
L字鋼で作った柄
鉄棒をくり抜き、タテ割りして作る

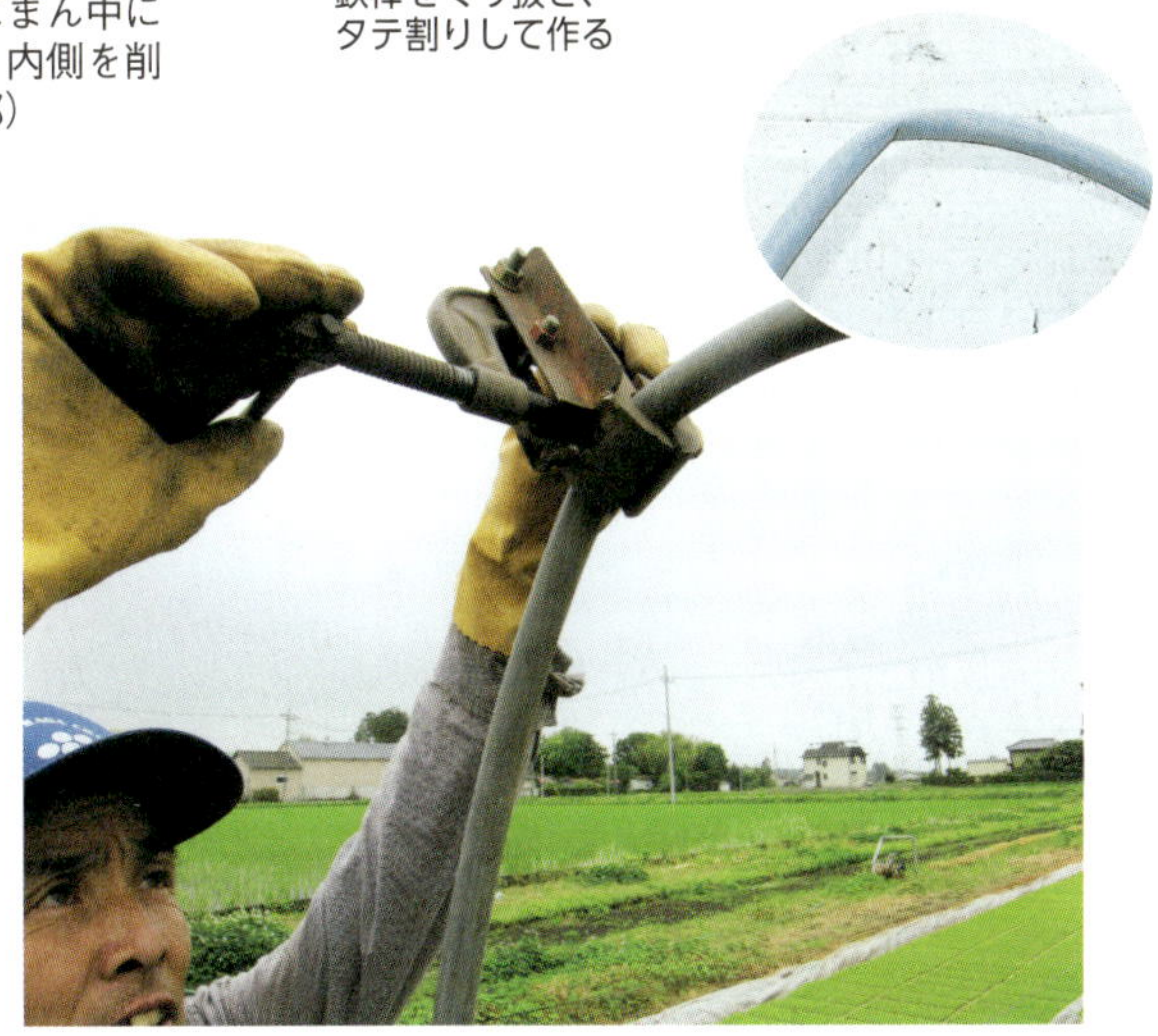

折れ曲がったところをパイプ修復用バイスで両側からはさみ、締めていく。ラチェットレンチを使えば動作が円滑に進む

●折れ曲がりの修復部分を補強

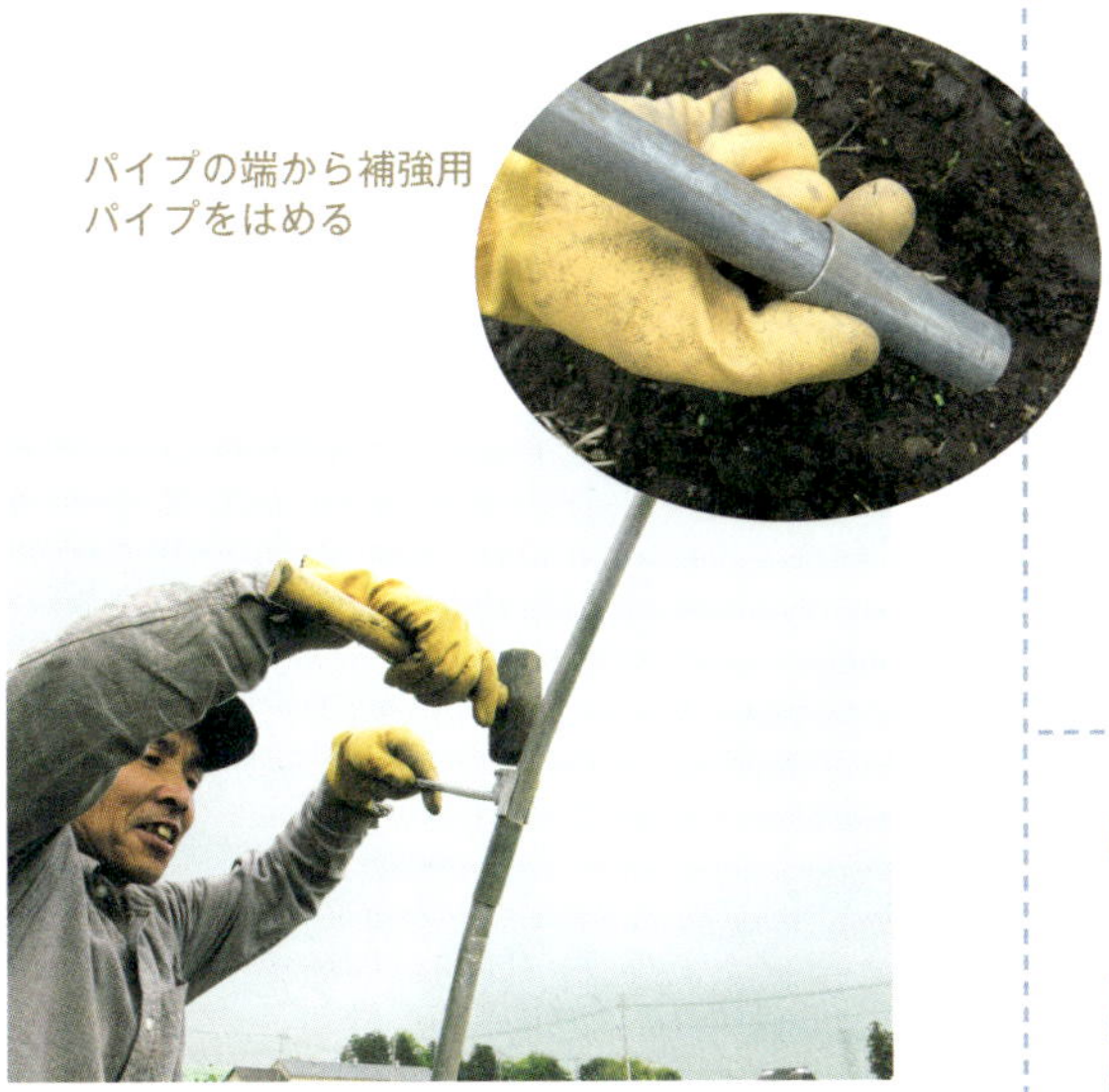
パイプの端から補強用パイプをはめる

カーブのところはハンマーでたたいて押し込む

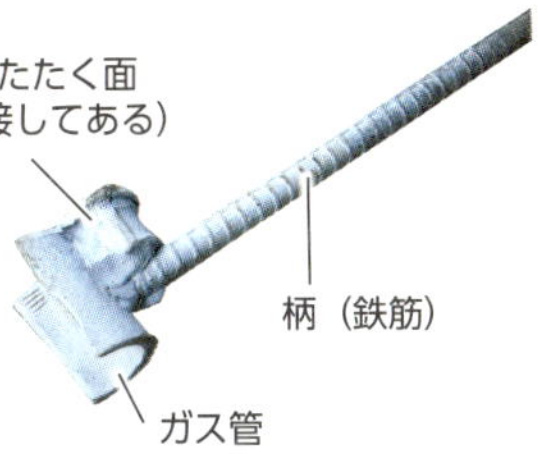
ハンマーでたたく面（金属を溶接してある）
柄（鉄筋）
ガス管を半割りにして作った当て具
ガス管

補強用パイプ

補修をすませたイネの育苗ハウス。留め金具の上の部分が折れ曲がったので、そこを修復して補強パイプをつけてある

●カーブを直す

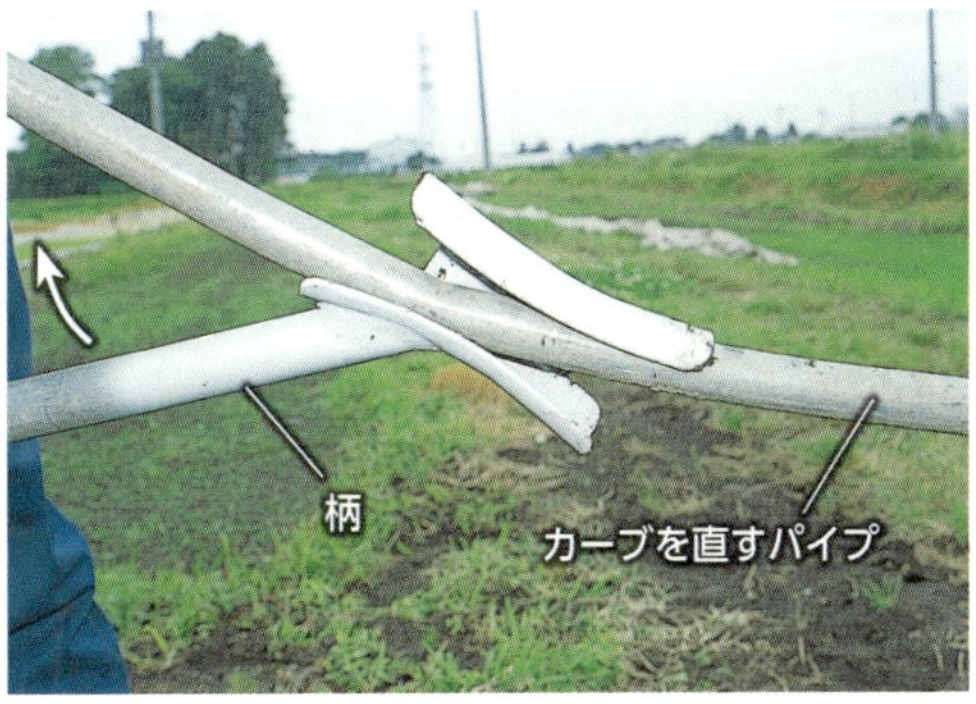
柄
カーブを直すパイプ

柄を持ち上げ、テコの原理で少しずつパイプのカーブを修復していく

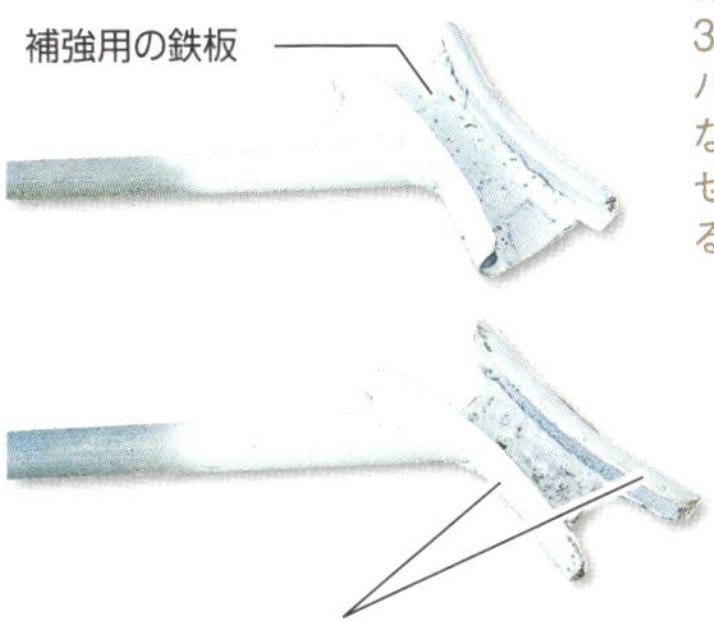
補強用の鉄板

カーブ修復具は、長さ12cmほど、厚さ3mm以上で、直すパイプより径が大きいパイプを2つに割って作る。ハンマーなどでたたいてバナナのように湾曲させてから、間に鉄板をはさみ、柄にするパイプに溶接

半割りにしたパイプを湾曲させて溶接。パイプをはさめるように間をあける

バナナ状に曲げるコツ

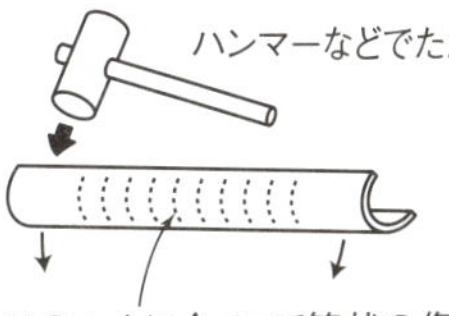
ハンマーなどでたたく

このへんに金ノコで筋状の傷を付けておくと曲げやすい（反対側も）

調製作業をラクに

ルームランナーで ダイズ選別機を手作り

京都府南丹市・堀 悦雄さん

収穫したダイズ
いびつなダイズや
土の塊
丸いダイズ
DVDで もっとわかる

堀悦雄さんのルームランナーダイズ選別機。2台をフル稼働させれば、1時間に25～30kgのダイズを選り分けられる

約一万円で手作り

今でこそ無農薬・無化学肥料のダイズを一・四haつくっている丹波ハピー農園の堀悦雄さん（六二歳）だが、ダイズ選別機を自作するまでは数十aほどだった。手選別では、一生懸命やっても一日に二〇kgこなすのがやっと。とてもじゃないけどそれ以上の面積はできなかったのだ。

堀さん自作の選別機は、なんとルームランナー（ウォーキングマシーン）がベースで、そこにジョウゴと雨どいを組み合わせた。ルームランナーはネットオークションで一台約五〇〇〇円。小型のものでも四〇万円もする市販のダイズ選別機と比べると、ずいぶん安く作れた。

紫斑病も選別できる

堀さんがジョウゴにダイズを入れると、雨どいを伝って転がっていき、二台のルームランナーのベルト部分に落ちる。このベルトが選別部の役割を果たす。

選別の仕組み

流したダイズのうち、約半分は雨どいの途中にあけた穴（約25㎜）から写真奥のルームランナーのベルトに落ち、残りは手前に落ちる。丸いダイズは写真右の手すり側に、いびつなものはベルトの回転に従い反対側に運ばれる。選別精度や速度は、ベルトの回転速度と傾斜の角度で調整

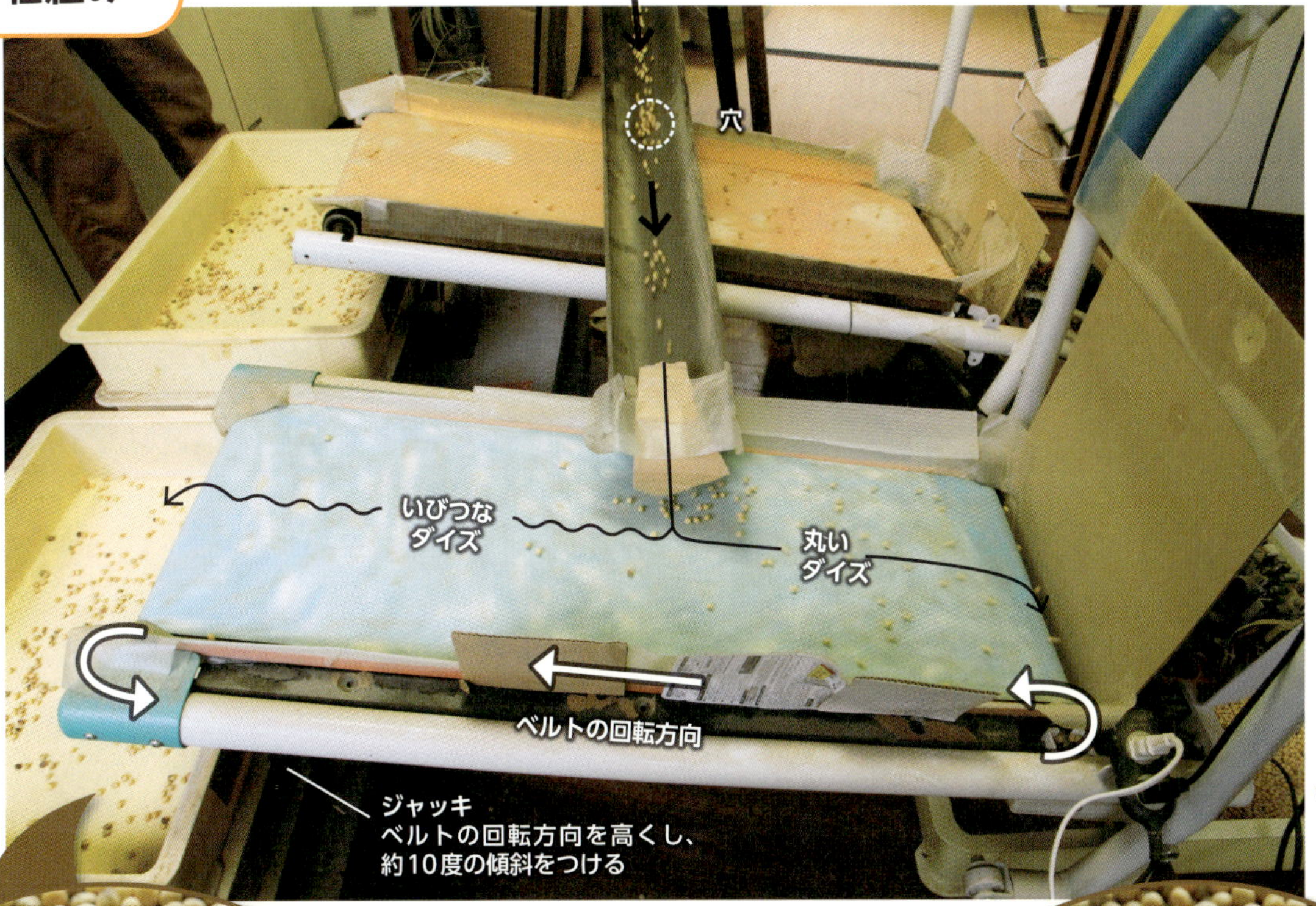
穴
いびつなダイズ
丸いダイズ
ベルトの回転方向
ジャッキ
ベルトの回転方向を高くし、約10度の傾斜をつける

いびつなダイズ

割れたダイズやシワ粒、紫斑病にかかったものも選別できる

丸いダイズ

堀悦雄さん。ダイズはほとんど全量を、委託加工で納豆や味噌にする

ルームランナーは、手すりの反対側（ベルトが回転する先）をジャッキで持ち上げ、一〇度ほどの傾斜がついている。すると、ベルトに落ちたダイズのうち、キレイな丸いものは転がりやすいので、ベルトの回転に逆らって低いほうにコロコロ落ちていく。いっぽう、形がいびつだったり割れたりしたダイズや小石などは転がりにくいので、ベルトによって高いほうへと運ばれるという仕組みだ。

色を見分けるような機能はないが、紫斑病（粒が紫色になる）にかかったダイズはたいてい形も悪いため、これも結果的にうまく選別されるそうだ。ルームランナー二台をフル稼働させれば、一時間に二五～三〇kgのダイズを選別できる。（編）

重いミカン箱を持ち上げなくてすむ

押すだけ計量器

和歌山県広川町・池永 守さん

わが家は温州ミカンをつくっています。ミカン箱の重量を量るとき、選別を終えた箱をローラーで計量器へと流します。その時、重いミカン箱を持ち上げなくてすむように、ローラーの高さに合わせて、計量器の上にスチールボールキャスターを取り付けました。ローラーを流れてきたミカン箱は、軽く押すだけで計量器に乗り、計量を終えたら、また押すだけで計量器から降ろせます。

＊二〇一二年九月号「パートの女性にも好評　宙吊りホチキスと押すだけ計量器」

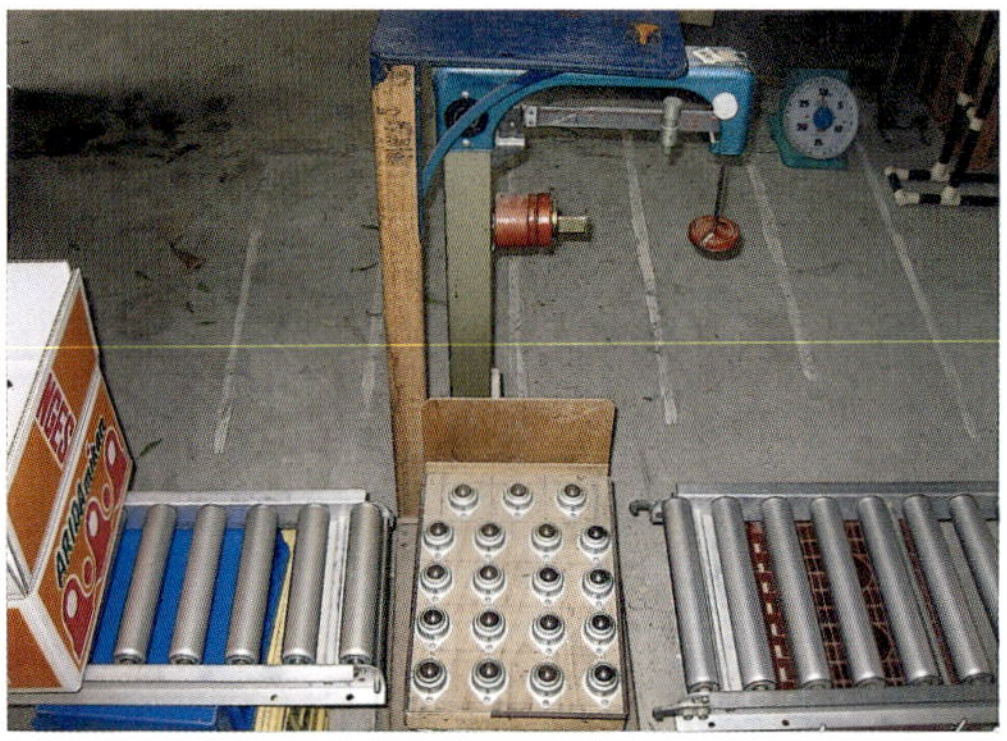

計量器の上に、ローラーと同じ高さになるようにボールキャスターを付けた

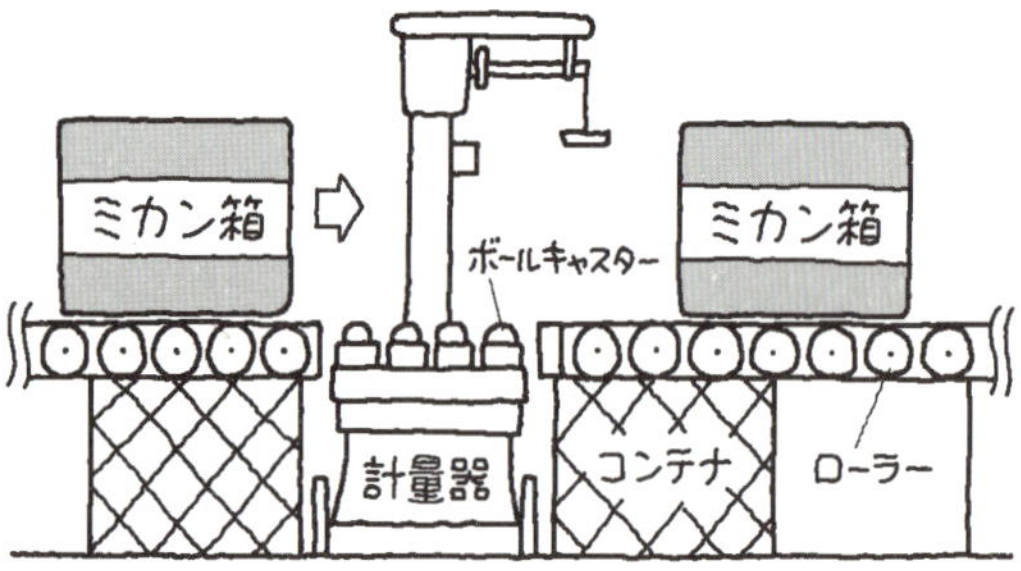

乾燥機が順番待ちでも安心

フレコンクーラー

佐賀県武雄市・横田初夫さん

わが家は、小さい兼業農家からモミの乾燥調製作業を請け負っています。自分でつくった米を味わってもらうために、量が少なくてもできるだけほかの米と混ぜないように仕上げています。ただし、そうすると乾燥作業の効率が上がりません。乾燥機に投入するまでの間に食味、品質を落とさないようにと考案したのが手作りのフレコンクーラーです。

＊二〇一三年九月号「乾燥機が順番待ちでも安心　フレコンクーラーを三〇〇〇円で自作」

フレコンクーラーのしくみと設置のしかた

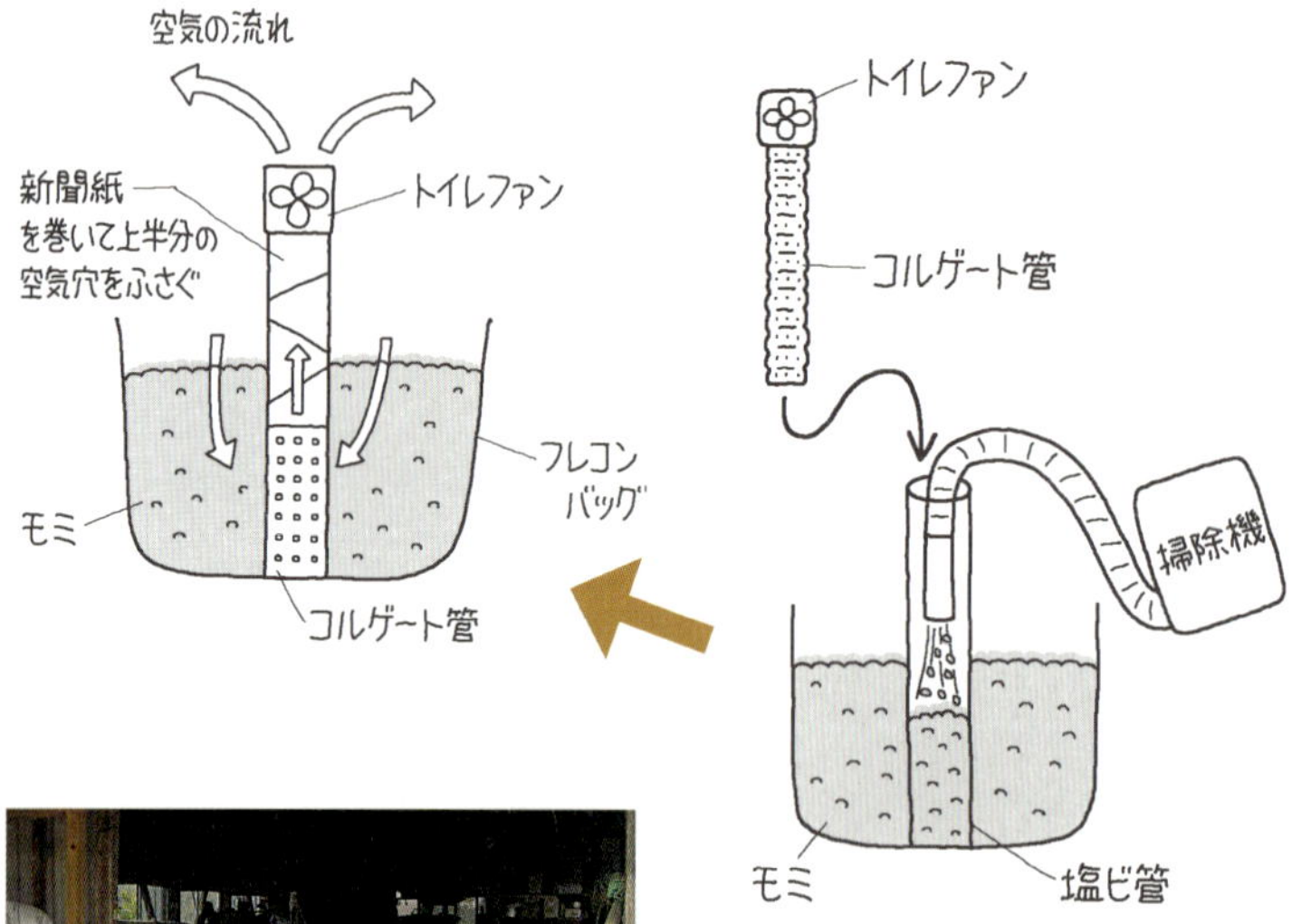

コルゲート管より一回り大きい塩ビパイプ（直径14cm、長さ80cm）をフレコン中央に突き立て、内部のモミを業務用の掃除機で吸い取りながら底まで押し下げる。塩ビパイプ内が空洞になったらコルゲート管を入れ、塩ビパイプを引き抜く

フレコンクーラーを設置した生モミ。トイレファンは電動（コンセントでつなぐ）

掃除機を利用

米袋エアキャッチャー

京都府綾部市・志賀琢身さん

電動シリンダー型
チェーンブロック
ワイヤー
家庭用電機掃除機
（吸引仕事率は500W）
吸い込み口

掃除機の吸引力で30kgの米袋を軽々持ち上げる

ふわりと持ち上がる米袋。この装置はなんと、家庭用の掃除機を利用して作った。箱型の吸い込み口を米袋の中央に付けて、掃除機のスイッチを強にすると吸着。吸い込み口に付けたフラップを上げると米袋が離れる仕組み。米一〇〇〇袋を出荷用パレットに積む作業も、これで軽々こなせるようになった。しかも費用は、市販装置の一〇分の一以下だ。

（取材・トミタ・イチロー）

＊二〇一四年九月号「掃除機で米袋をエアキャッチ」

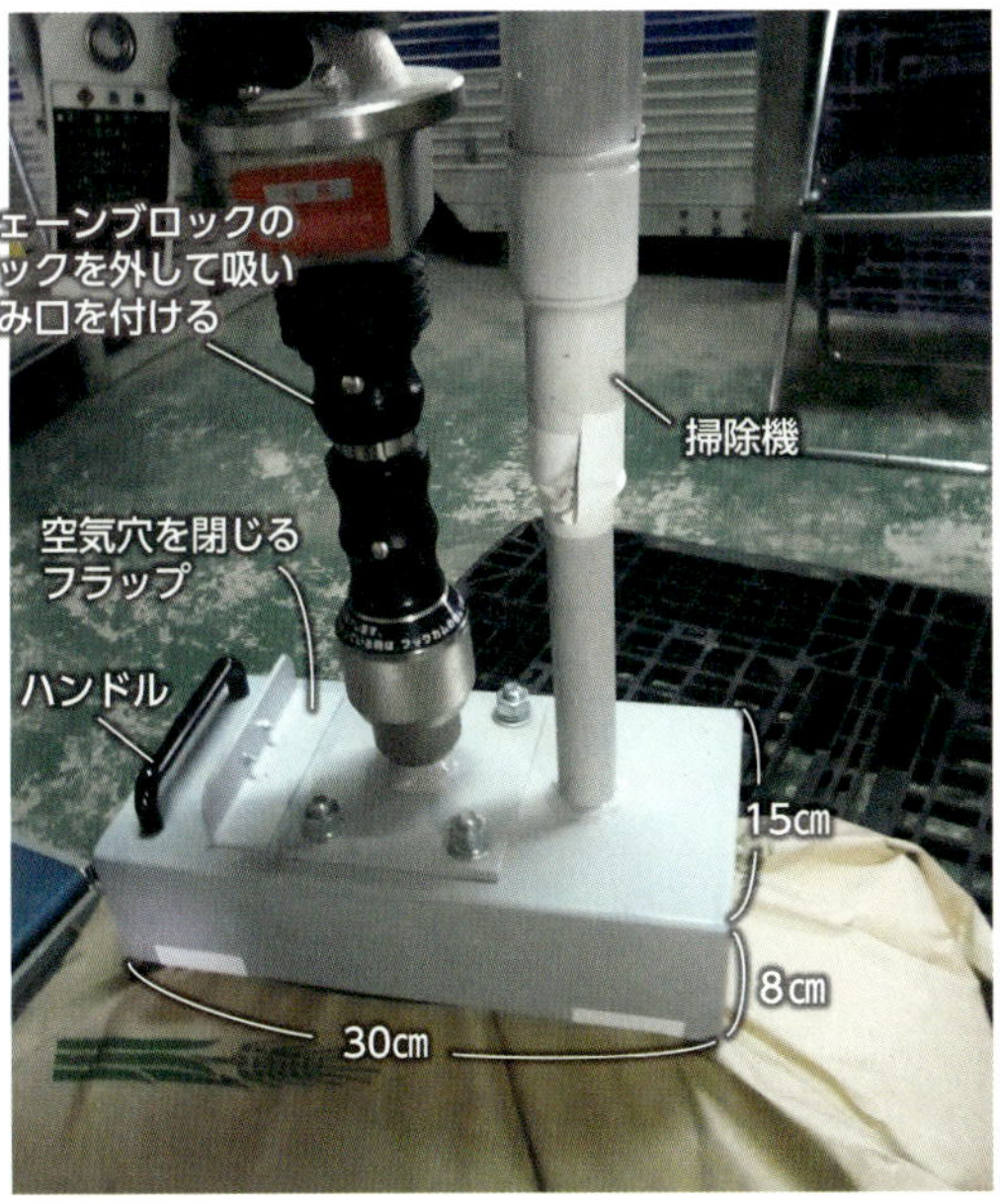
チェーンブロックの
フックを外して吸い
込み口を付ける
掃除機
空気穴を閉じる
フラップ
ハンドル
15cm
8cm
30cm

箱型の吸い込み口。この寸法が米袋の吸着にちょうどいいサイズ

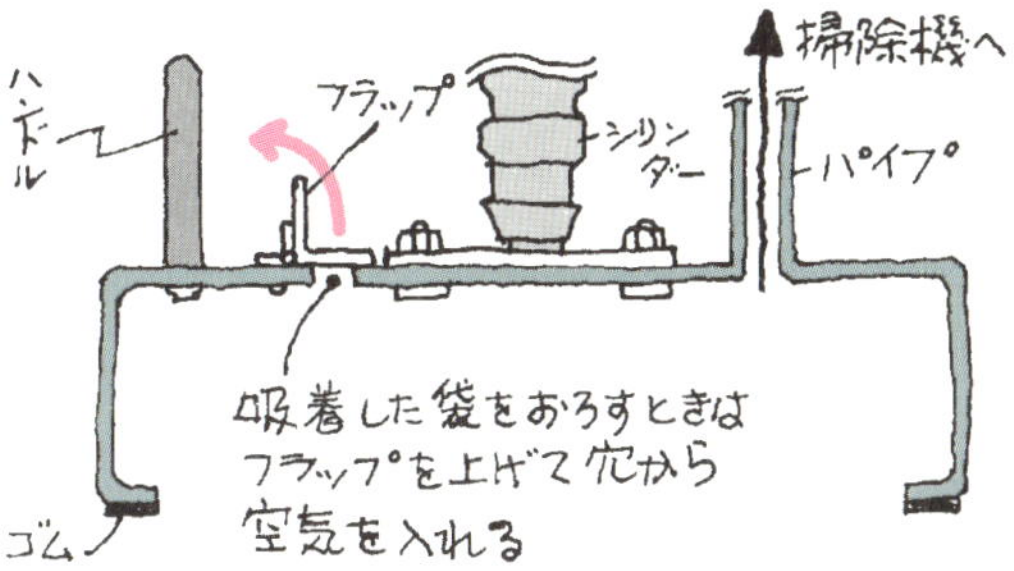
ハンドル
フラップ
シリンダー
掃除機へ
パイプ
吸着した袋をおろすときは
フラップを上げて穴から
空気を入れる
ゴム

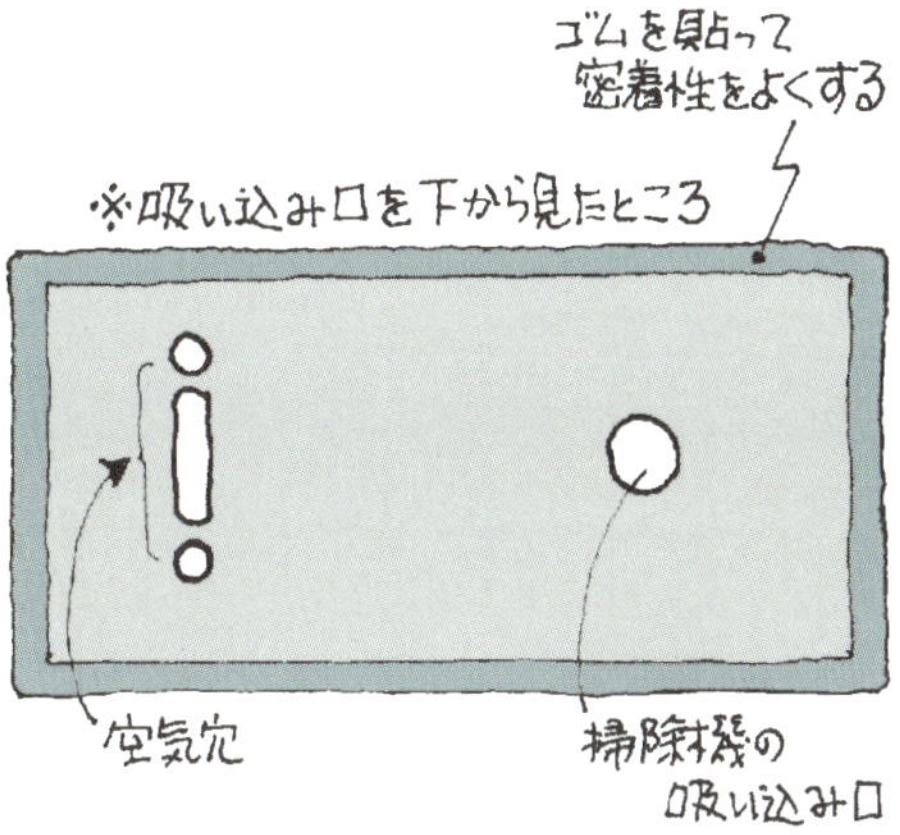
ゴムを貼って
密着性をよくする
※吸い込み口を下から見たところ
空気穴
掃除機の
吸い込み口

挟んで吊り上げる

米袋運搬バサミ

栃木県芳賀町・綱川仁一さん

米袋バサミのしくみ

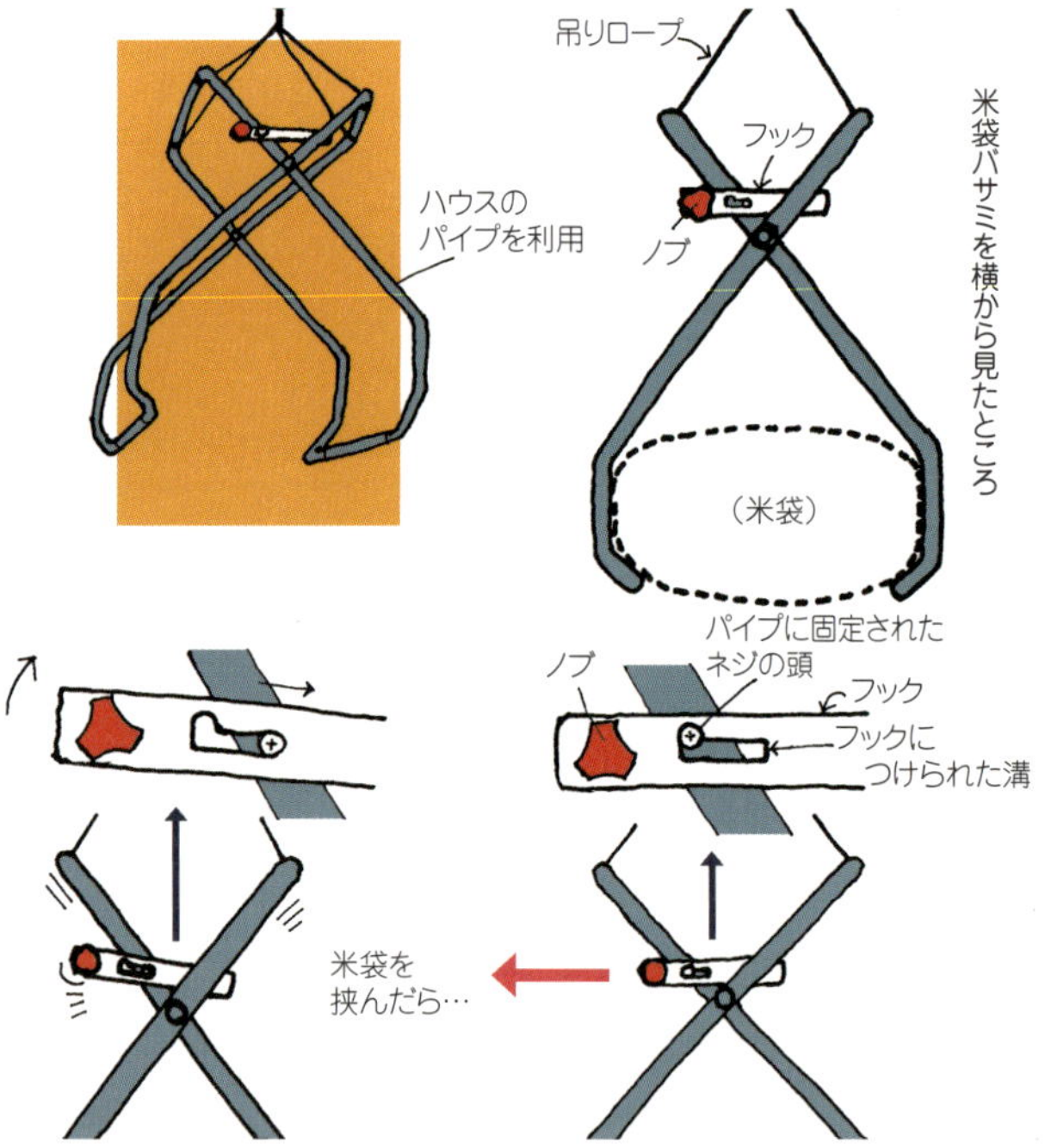
ハウスのパイプを利用
吊りロープ
フック
ノブ
米袋バサミを横から見たところ
（米袋）
パイプに固定されたネジの頭
ノブ
フック
フックにつけられた溝
米袋を挟んだら…

②米袋を挟んだら
ホイストで引き上げながら、ノブをつまんで上に上げると、ネジの頭がスライドして袋をつかむ

①米袋を挟む前
ノブを持ってハサミを広げた状態で、フックを固定（ネジの頭を引っかける）

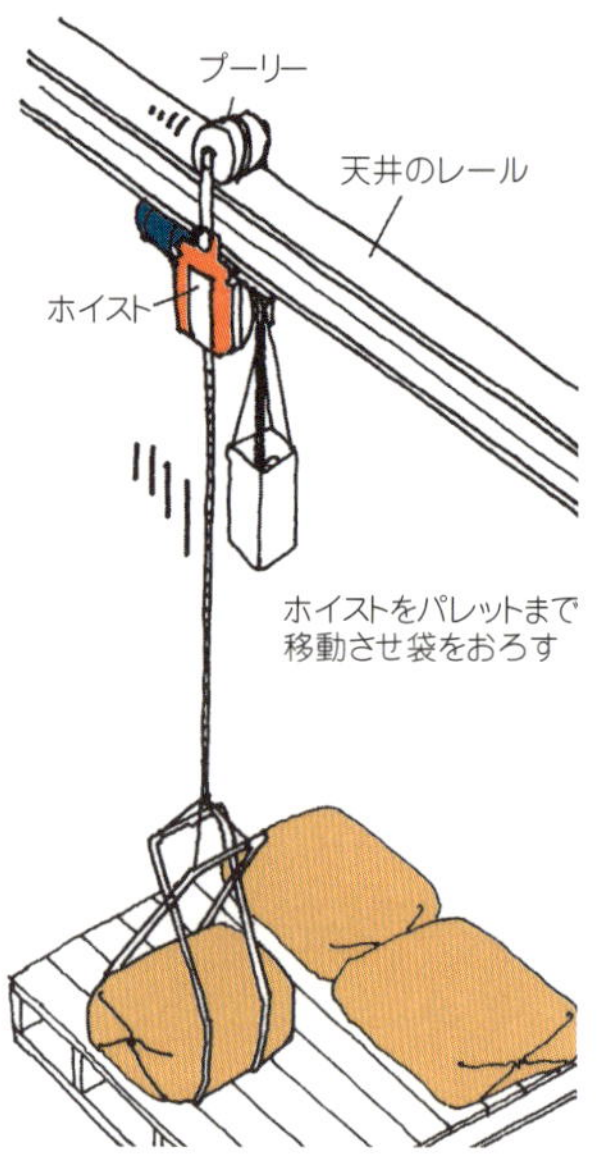
プーリー
天井のレール
ホイスト
ホイストをパレットまで移動させ袋をおろす

一袋三〇kgの米袋を吊り上げるのに綱川さんが考案したのは、ハウス用のパイプで作った米袋運搬バサミ。ホイスト（巻き上げ機）から吊ったこのハサミで米袋を持ち上げ、フォークリフト用のパレットに積んでいく。

（絵・トミタ・イチロー）

*二〇〇七年三月号「米袋の運搬をラクチンに」

かがまなくても持ち上げられる

ハンドリフター

徳島県吉野川市・河野充憲さん

片手でラクに米袋を持ち上げられる（小倉かよ撮影）

秋作業直前に腰を痛めてしまった時に、あり合わせの廃材を組み合わせて作りました。かがまずに三〇kgの米袋を軽くラクに上げられます。

減速機の減速比は二〇分の一。地上から胸の高さまで上げるのに数十回ハンドルを回す必要がありますが、ハンドルがとにかく軽い。袋詰めした米袋を軽トラックに運ぶ時は、移動しながらハンドルを回せて、着く頃にはちょうどいい高さまで上がります。積載→移送→積載のサイクルに時間の無駄がありません。

*二〇一三年九月号「かがまなくても持ち上げられる　ハンドリフター」

【材 料】C形鋼（5m）、キャスター4個（直径10㎝。フリー2個、固定2個）、ベアリング4個（直径48㎜）、減速装置（ガラスハウスの天窓開閉装置の廃材）、ハンドル（トラクタのロータリの尾輪調整用）、小さい滑車1個、ワイヤー（直径4㎜、2m）、ワイヤー巻き取り鼓形プーリー（70㎜の丸棒を旋盤加工）、天板用の鉄板など…

米袋の積み上げ作業をラクに

パレット回転盤　その1

島根県松江市・周藤弘能さん

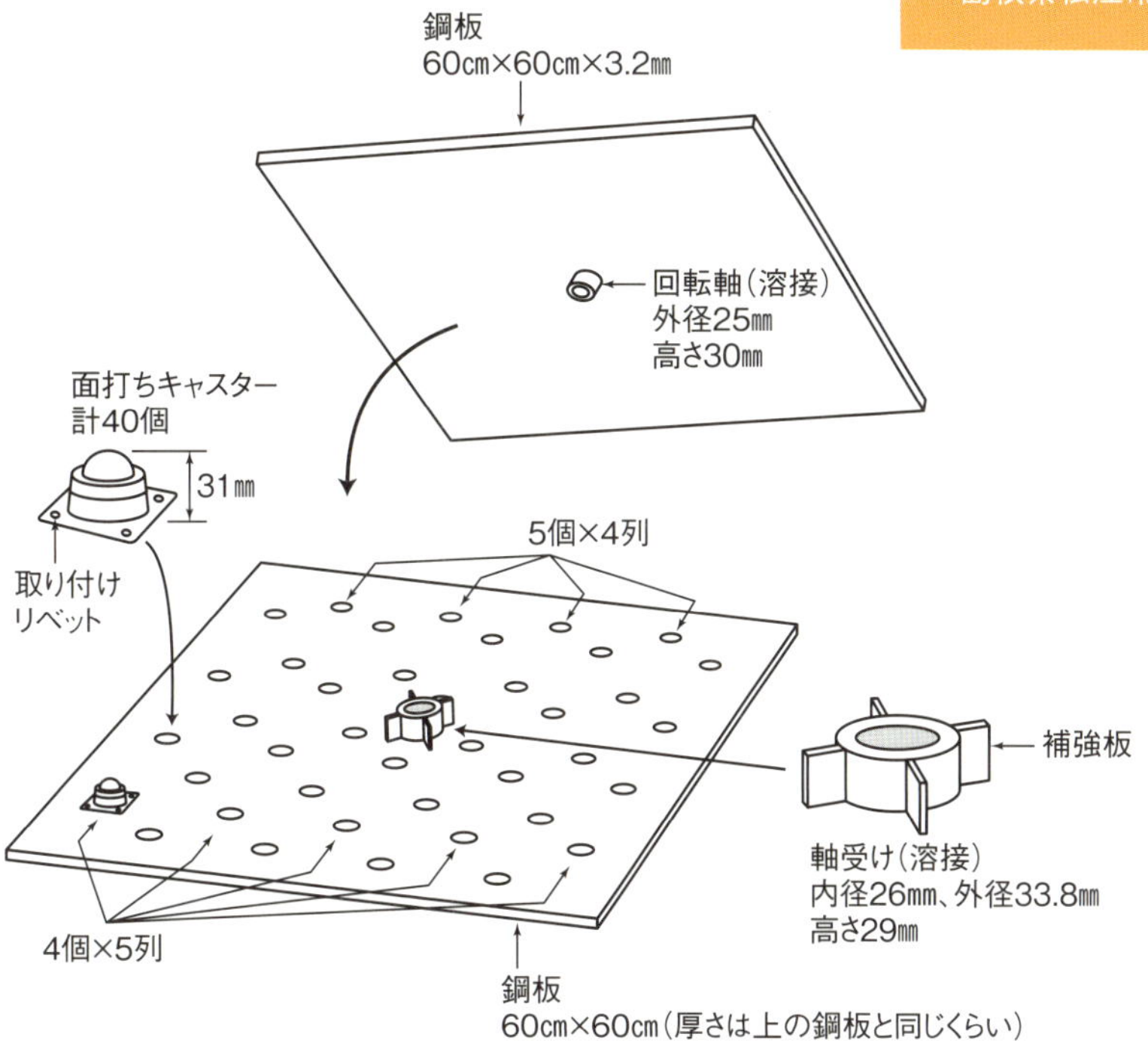
鋼板
60㎝×60㎝×3.2㎜
回転軸（溶接）
外径25㎜
高さ30㎜
面打ちキャスター
計40個
31㎜
取り付け
リベット
5個×4列
補強板
軸受け（溶接）
内径26㎜、外径33.8㎜
高さ29㎜
4個×5列
鋼板
60㎝×60㎝（厚さは上の鋼板と同じくらい）

フォークリフトのパレットに、荷崩れしないよう米袋を積み上げるには、交互に向きを変えながら重ねていくのがコツです。だけど、重い米袋を抱え、腰を屈めてパレットのまわりを動きまわるのはたいへんな重労働。そこで、人間が行ったり来たりする代わりに、パレットを自在に回転させてしまおうというわけです。

＊二〇〇五年九月号「米袋の積み上げ作業をラクにするパレット回転盤」

パレット回転盤　その2

千葉県勝浦市・田村瑞穂さん

袋詰めした玄米を、フォークリフトのパレットに積み上げていくときに使う。鉄のアングル（山形鋼、L字鋼）を上下にうまく重なるように鉄骨屋さんに円形に曲げてもらい、自分でベアリングを取り付けた。市販品をヒントに作ったのだが、自分で作ったもののほうがずっと頑丈とのこと。

＊二〇一三年九月号「米袋の積み上げラクラク　回転台」

パレットが回転すると、米袋をラクに積み上げることができる

上側に載せた円形枠がベアリングで回る（簡単にはずれる）。縦回転するベアリングが30個、横回転するベアリングが6個ついている

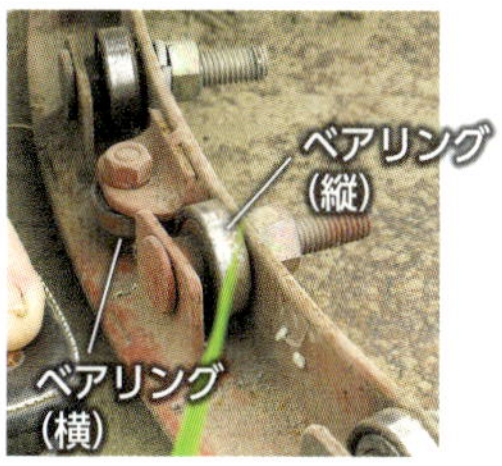
ベアリング
（縦）
ベアリング
（横）

汚れを拭く作業時間半減

トマトクリーナー

千葉県芝山町・内田正治さん

トマトを出荷する際、果実に付いた汚れを拭き取る作業に時間がかかります。そこでもっと早く簡単に、きれいに拭き取ることができないかと考えて作ったのが、この「振動滑り台式トマトクリーナー」です。電動歯ブラシの原理で振動する台を滑り落ちる間に果実の汚れがとれて、手で拭く場合と比べて、作業時間は半減できます。モーター以外の部品はホームセンターで入手でき、二万円ほどで制作できました。

＊二〇一二年十一月号「汚れを拭く作業時間半減　トマトクリーナー」

振動滑り台式トマトクリーナー。厚手のシーツで汚れを拭き取る

雨樋を4 本並べた台は、スプリングでスタンドから浮かせた状態にする

シーツをはがして横から見た状態。流れていく先に適当な作業台を敷き、流れ落ちたトマトのたまるプールにする（左上の写真参照）ので、傾斜はもう少し緩くなる

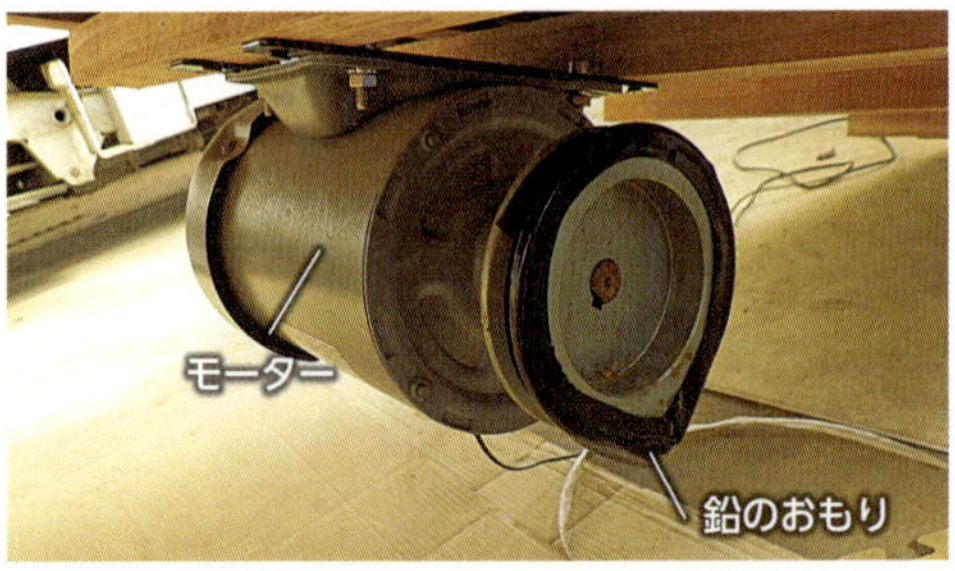

鉛のおもり（釣りのおもり、50号）を巻き付けたプーリーが回転することで台が振動する

固定したら効率３倍

ニラの袋詰め器

宮崎県小林市・向江 保さん

ニラの袋詰めに塩ビパイプを使うと、作業が劇的にラクになる。向江さんはそこに一工夫加えて、さらに効率をアップさせた。

パイプを柱に固定することで、片手が自由になる。右手でパイプに袋をかぶせて、左手でニラを入れていく。パイプを持つ必要がないので、左右の手が流れるように動く。塩ビパイプを使う前に比べ、作業スピードは三倍になった。編

＊二〇一三年十一月号「固定したら効率三倍　ニラの袋詰め器」

少し斜めに固定したほうがニラを入れやすいし、袋もかぶせやすい

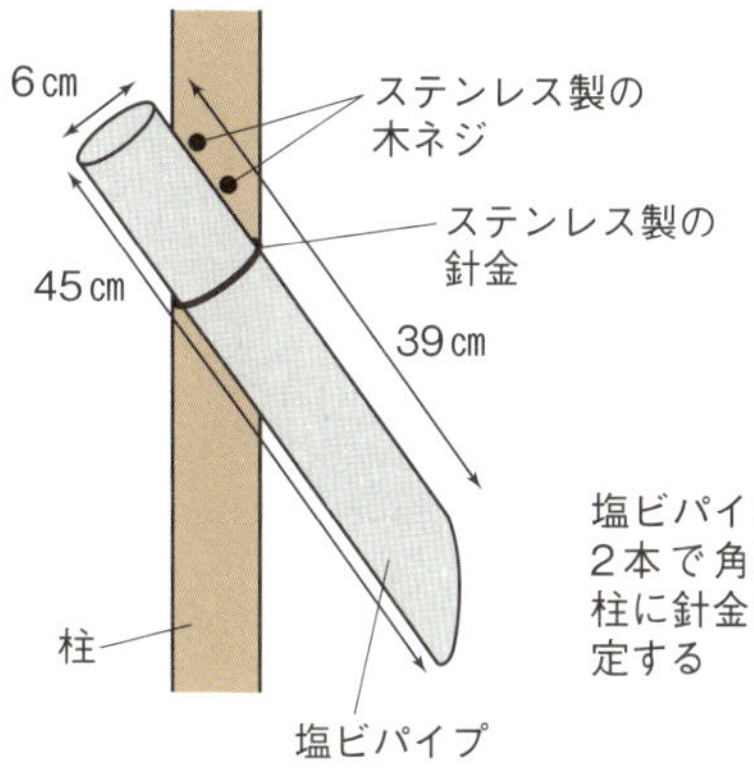
6㎝
ステンレス製の木ネジ
ステンレス製の針金
45㎝
39㎝
柱
塩ビパイプ

塩ビパイプは木ネジ２本で角度を決め、柱に針金で斜めに固定する

切り花を素早く束ねる

スリーブスタンド

神奈川県横浜市・安西俊之さん

直径三〇㎝の塩ビパイプ半分に切ってホルダーにし、椅子のキャスターを取り付けた、移動可能なスリーブスタンドです。購入したのはボルト六本とスリーブの押さえ（ステンレス製のステー）だけ。大きさの違うホルダーを重ねて、様々な大きさのスリーブに対応できるようにしています。

＊二〇一三年十一月号「切り花を素早く束ねる　スリーブスタンド」

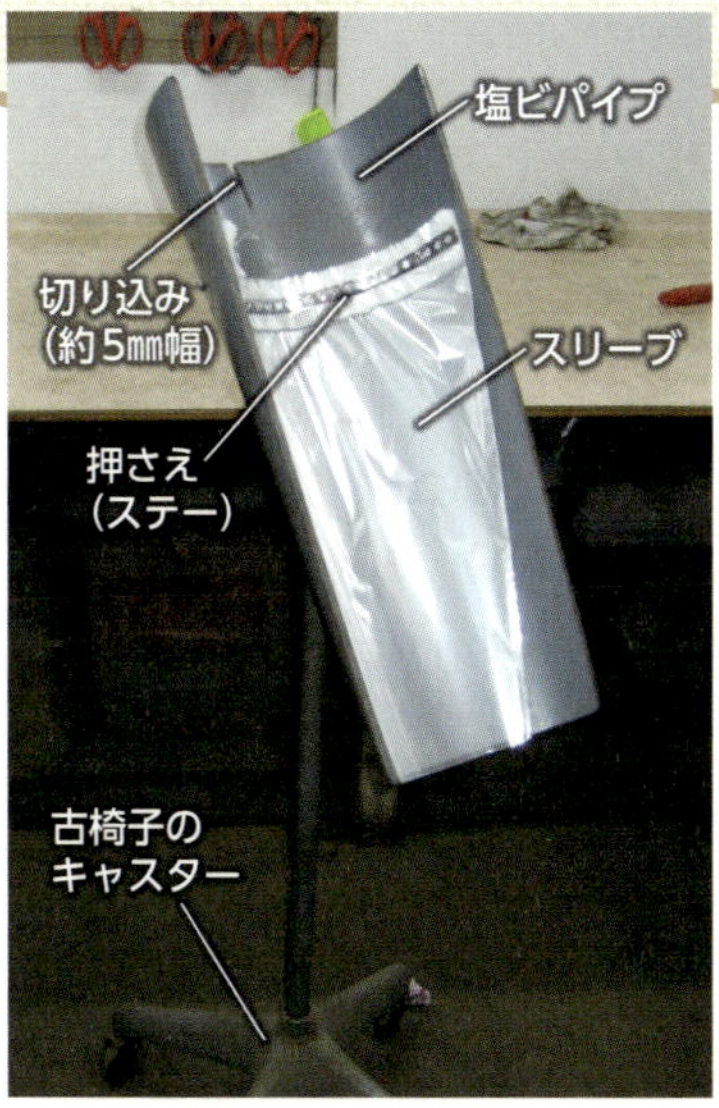
塩ビパイプ
切り込み
（約5㎜幅）
スリーブ
押さえ
（ステー）
古椅子の
キャスター

直径30㎝の塩ビパイプを半分に切って作ったスリーブスタンド

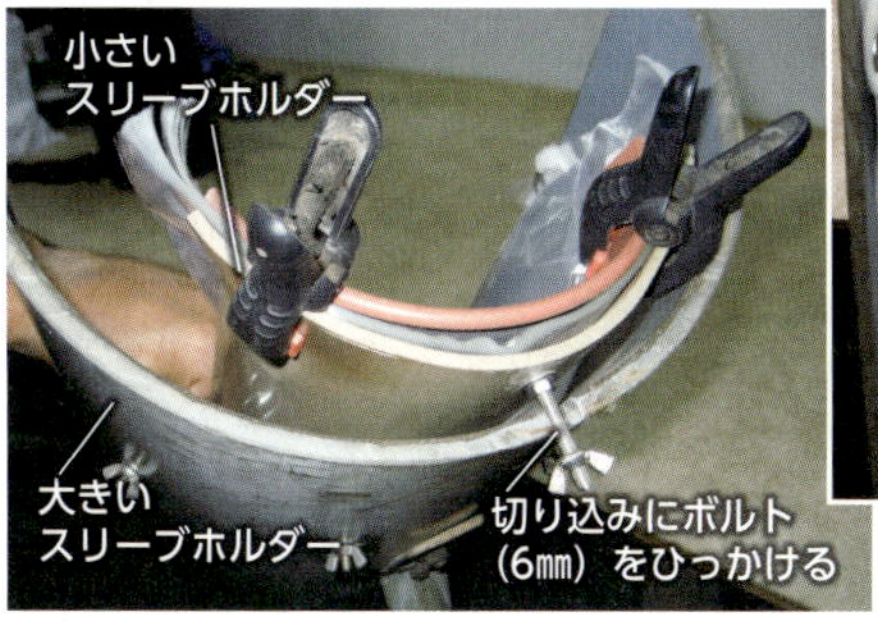
小さい
スリーブホルダー
大きい
スリーブホルダー
切り込みにボルト
（6㎜）をひっかける

上から見たところ

クリップ
プラスチック鉢
の縁
直径12㎝の塩ビ
パイプを半分に切
って、上部をあぶ
って少し広げた

小さなホルダーを重ねたところ

洗濯機の羽根を利用

サトイモの皮むき機

栃木県那須塩原市・渡邉智子さん

サトイモと水を入れて回すと、イモとイモがこすり合わさって皮がむける（田中康弘撮影、以下も）

5分回して水を交換。2～3回やるときれいにむける

底に洗濯機の羽根が設置されている

この皮むき機は、造園業をしている親戚が、洗濯機の底の羽根を使って、手作りしてくれました。タイマー付きで、五分くらいずつ二～三度回せばヒゲもとれます。サトイモが出始めると、この機械が毎日フル稼働します。

＊二〇一四年九月号「冬野菜の準備とハヤトウリの漬物」

爪が少しも痛くならない

ラッカセイの殻むき具

千葉県大網白里町・関本隆次さん

これは２本の棒の間にラッカセイを挟み、握ると殻が割れるというものです。爪が少しも痛くならず、何日でも続けて殻むきができます。手を離すとゴムの力で棒が浮き上がるようにして、次々殻をむいていけるようにしました。

＊2011年8月号「ラッカセイの殻むき具」

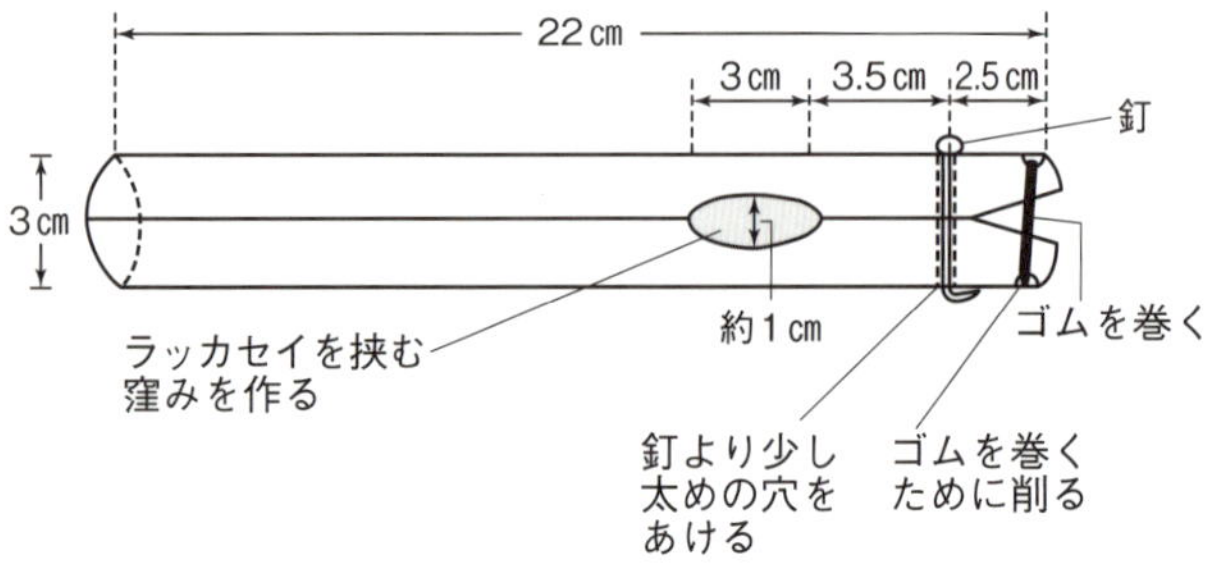
22㎝
3㎝
3.5㎝
2.5㎝
釘
3㎝
ラッカセイを挟む窪みを作る
約1㎝
ゴムを巻く
釘より少し太めの穴をあける
ゴムを巻くために削る

規格外品の加工に便利

エダマメ莢むき機

千葉県鴨川市・飯田哲夫さん

投入口

エダマメ莢むき機の外観

給水チューブ
モーターと減速ギア

上面の台を持ち上げたところ。投入口から落とした莢は2本のローラーの間に落ちる。モーターはパナソニックの M91X40G4L（40W）、減速ギア（10分の1）は同90MX9G10

エダマメ莢むき機は、ここ鴨川市の特産エダマメ「鴨川七里」のC級品（一粒莢や傷のあるものなど）を活かすために作りました。莢の見かけは悪くても中のマメは一級品。冷凍しておいて、ジェラートやずんだ用として餅菓子屋さんなどに販売できます。

塩ビパイプなどで作った二本のローラーで莢からマメを押し出すというしくみです。ローラーは、塩ビパイプのVP30管にサクションホースをかぶせて作りました。サクションホースの表面は弾力性があり滑らないので、莢をしごくのに適していると考えました。

＊二〇一三年十一月号「改良版　エダマメ莢むき機」

莢からマメを取り出すしくみ

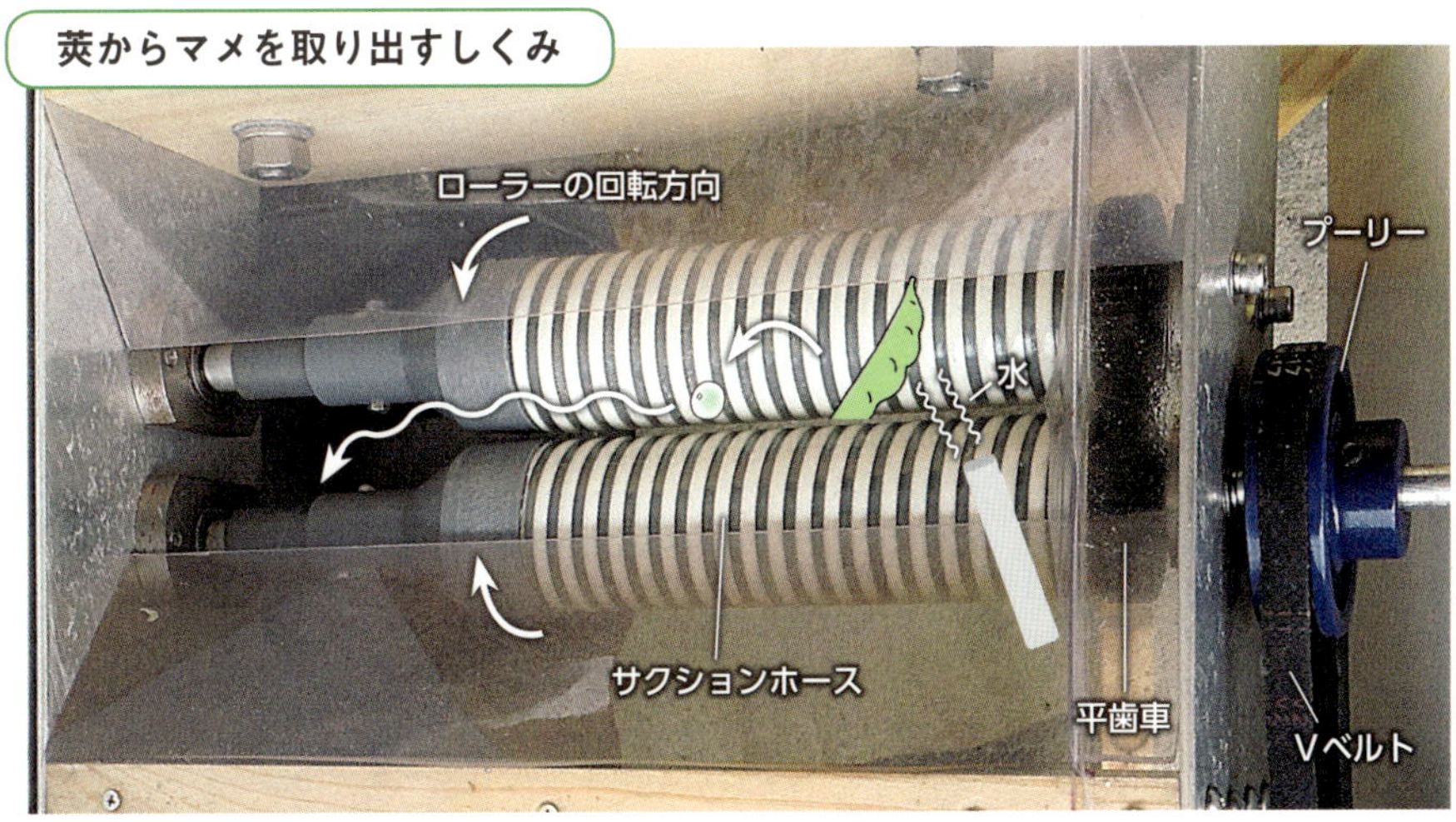
ローラーの回転方向
水
プーリー
サクションホース
平歯車
Vベルト

飛び出したマメは、ローラーの間を転がって異径ソケットでできた隙間から受け口へ落ちる。莢はローラーの下に排出。ローラーの回転数は約100回転／分、傾斜角度は約25度、2本のローラーの隙間は3～4㎜

ローラーの構造

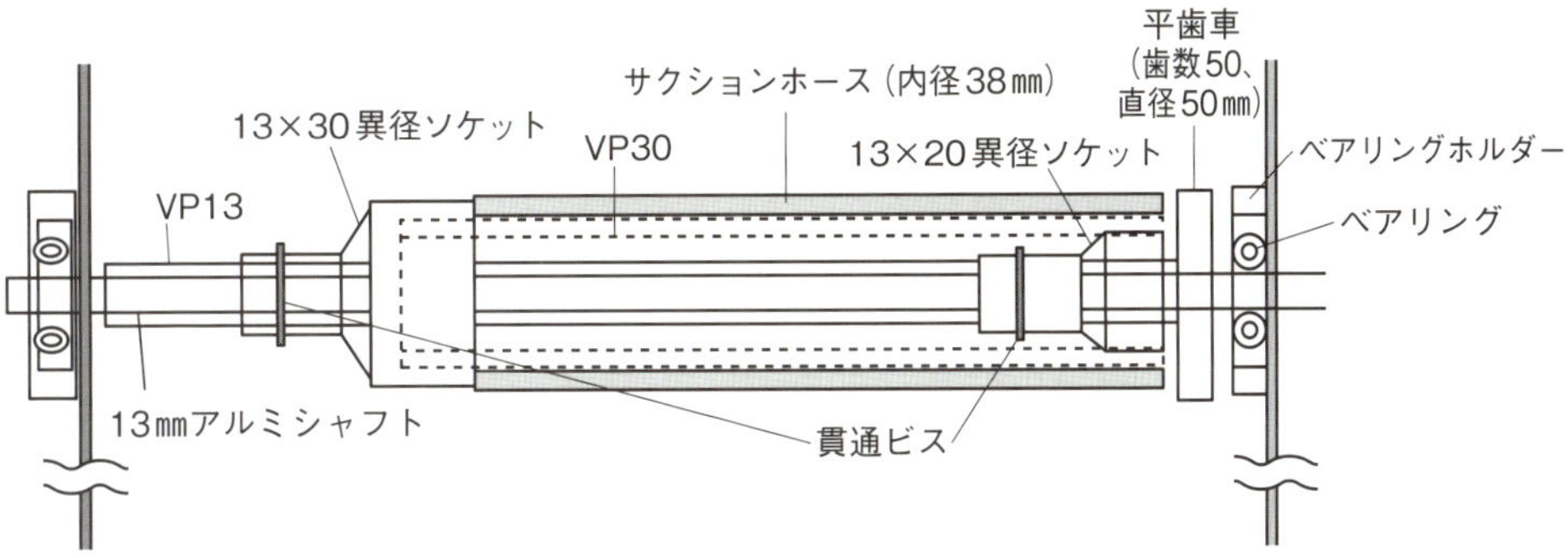
平歯車
（歯数50、
直径50㎜）
サクションホース（内径38㎜）
13×30異径ソケット
VP30
13×20異径ソケット
ベアリングホルダー
VP13
ベアリング
13㎜アルミシャフト
貫通ビス

ベアリングの径は10㎜なのでアルミシャフトの両端も10㎜に削っている。同様のものを2本作る

運搬をラクに

夢の一輪車・運搬車

ナバナを収穫中。収穫用一輪車で狭いウネ間もスイスイ移動。段差や溝があっても、難なく乗り越えられる（赤松富仁撮影、下も）

高さが荷台に合うので、積み下ろしもラク。移動の際、スタンド（ハウスパイプ）をポンと足で蹴ればたためるので、邪魔にならない

DVDでもっとわかる

どこでもグングン走る

ナバナの収穫用一輪車

千葉県南房総市・長谷川喜久雄さん

ナバナ（菜の花）の収穫はたいへんな仕事です。私はナバナを一ha以上栽培し、一人で一日一〇a以上収穫しています。なるべく時間と体力を使いたくないので、「収穫用一輪車」を自作しました。

　その一番の特徴は軽いことです。荷台部分がアルミサッシでできているので、持ち運びがラク。狭いウネ間でもコンテナを二個積んだまま走行できます。車輪には自転車のタイヤを利用しているので、高さが七五cmあり、作物を傷つけることもありません。

　また、スタンドをつけて、ウネ間でもどこでも止められるようにしました。軽くて取り回しがラクなので、ウネ（高さ三〇cm）を跨いで隣の通路に移動するのも簡単です。

　車輪部分は取り外しできるので、軽トラや軽ワゴン車の荷台の隙間に置くことも可能。もう手放すことのできない道具です。

＊二〇一四年十一月号「ナバナ栽培に欠かせない　一輪運搬台車とコンテナ改造育苗箱」

悩み解決

コンテナが落ちない一輪車

大阪府泉佐野市・野出良之さん

持ち手を付けた一輪車。こんなに傾けてもコンテナは落ちない

身長が一八二cmあるという野出さん愛用の一輪車。ハンドルに、塩ビパイプで手提げカバンのようなかわいい持ち手が取り付けられている。背の高い人がふつうに一輪車を持つと、荷台が前に傾いて荷物がずれていってしまう。それを気にして作業すると「腰が痛くて」。この持ち手のおかげでラクに水平に持てる。

工夫は他にもある。一輪車を軽トラの荷台に載せる際に、膝で一輪車を押しても痛くないように、これまた塩ビパイプのカバー。そして、一輪車をどんなに傾けても荷台のコンテナがずれない、落ちないというからビックリ。（編）

＊二〇一三年十一月号「あっぱれ塩ビパイプ　切ってつないで穴開けて　便利グッズいろいろ」／二〇一四年十一月号「コンテナ四種を使い分け、改造もお手のもの」

野出さんの改造一輪車

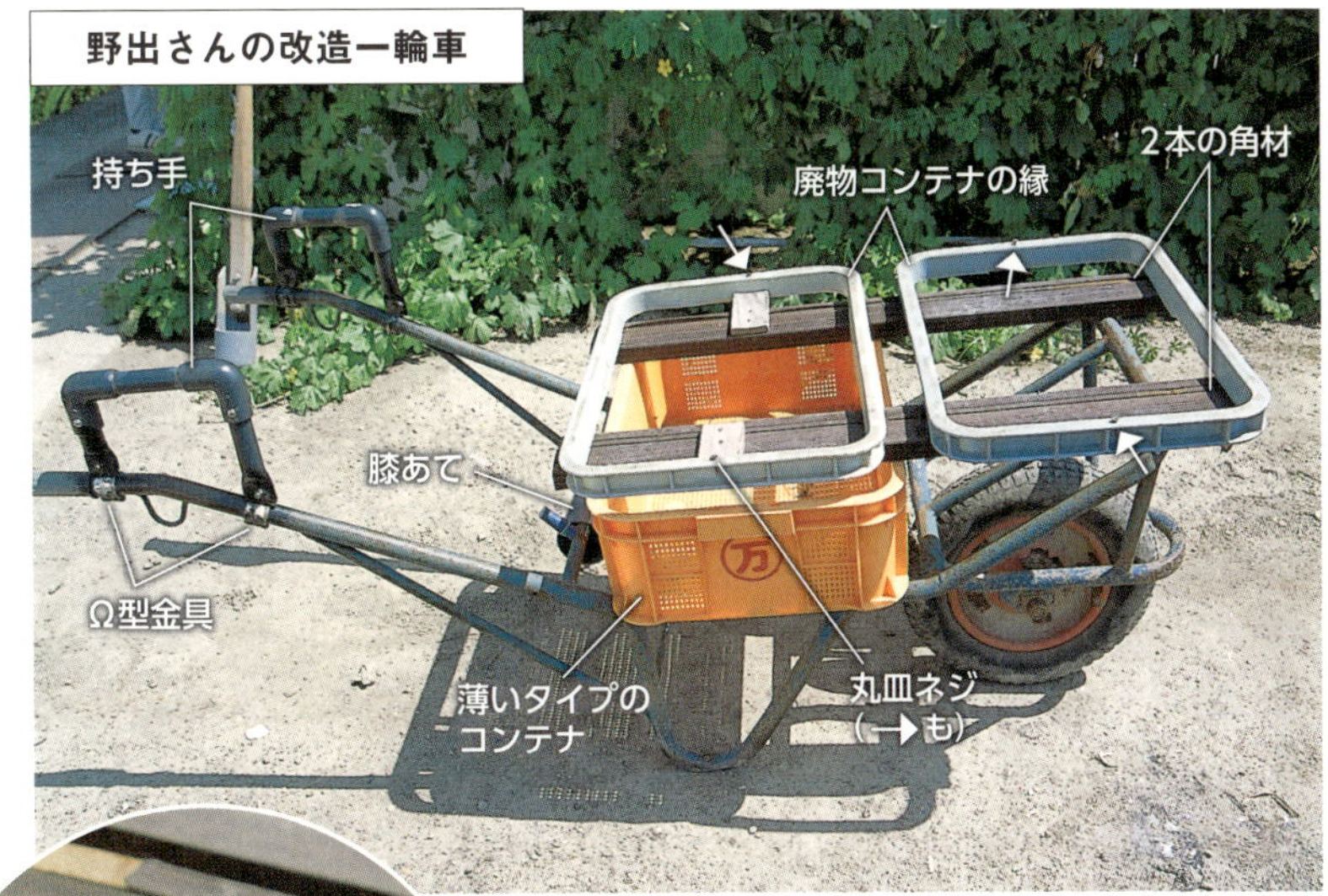
持ち手
廃物コンテナの縁
2本の角材
膝あて
Ω型金具
薄いタイプのコンテナ
丸皿ネジ
（→も）

持ち手は、一輪車のハンドルにΩ型の金具で取り付けた（持ち手のパイプの端は加熱してつぶしてある）。膝あては太めの塩ビパイプを縦に切り、はめ込んだだけ

40kgのコンテナがずり落ちない秘密は、この丸皿ネジ。ネジの頭がコンテナの底に引っかかるようになっている

軽トラに載せるときも痛くない

一度に20枚

苗運搬用ロング一輪車

愛媛県鬼北町・赤松権一さん

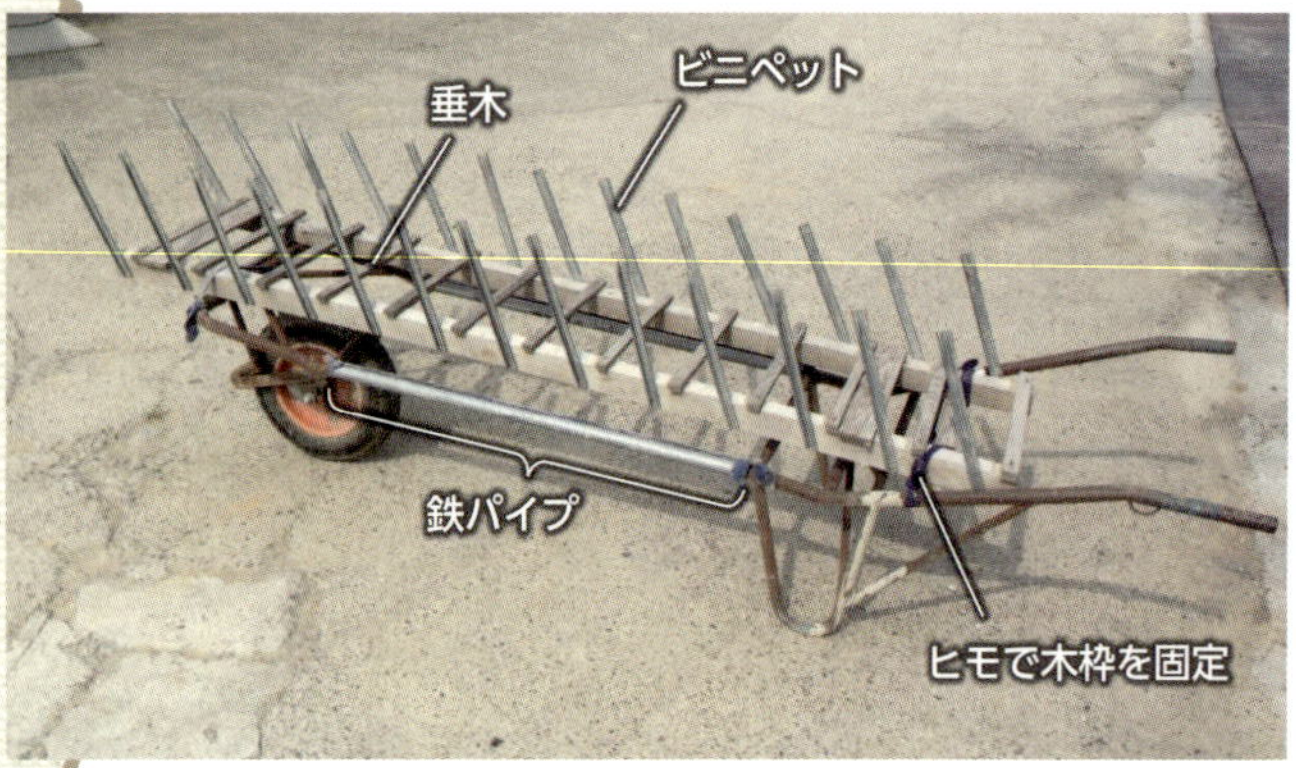

一輪車のフレーム（直径25㎜）に鉄パイプ（直径28㎜）をかぶせて長さを延長。ビニペットは、一輪車を持ち上げたときに苗箱が寄りかかるように前傾気味に設置した

ポット苗なら一度に20枚運べる（マット苗は重いので少し数を減らす）

わが家では毎年約一六〇〇枚のイネの苗を育てます。そこで、育苗箱を一度に大量に運べるように一輪車を改造しました。

一輪車の荷台を外して途中で切断し、そのあいだに鉄パイプを挟み込んで長く延ばしました。運搬台（木枠）の側面には、ビニペットをクシ状に固定し、育苗箱を差し込めるようにしました。

＊二〇一三年九月号「イネの育苗箱が二〇枚運べる」

あらゆる物を一台で

超一輪車

石川県金沢市・松本幸盛さん

DVDでもっとわかる

バケット（一輪車の荷台）の上に木枠を置き、木箱、やぐらを重ねている。先頭部に挿入されている鍬やスコップ、ジョレンなどがバランスを保っているおかげで意外と重くない

これだけ積んでいる

自宅から畑に物を運ぶのに軽トラを使えばたくさん積むことができますが、運べるのは車道まで。そこでひらめいたのがこの「超一輪車」。荷物を載せるために、バケットの上下前後左右あらゆるところを利用しました。その結果、一輪車が立体化。屋台車と見間違えられるようなものになりました。

＊二〇一三年九月号「菜園道具一式をギュッ！超一輪車」

悪路もスイスイ

楽押し

由比 進さん

両方のハンドルにベルトを渡しただけですが、これによって一輪車を腰で押せるようになります。試験では、上り坂で一・五倍の重さの荷物を運べるようになり、溝からの脱出もしやすくなりました。一輪車発展史上の大革命!、かもしれません。

（農研機構東北農業研究センター）

＊二〇一四年三月号「ベルト一本で悪路もへっちゃら　改造一輪車『楽押し』」

ベルトを腰で押して前に進む「楽押し」

幅3㎝以上で十分な耐荷重を持つベルトを塩ビパイプなどで固定。ベルトは、使わなくなった武道着の帯でもよい

前後が逆転

ドリーム・リバ輪

北海道追分町・杉渕正人さん

一輪車一台分の狭い通路をメロンを集めながら進み、Uターンして運び出していました。一輪車のハンドルを持ちながら自分がぐるりと回らなければならないから困るわけです。

そこで、一輪車の前後を自在に変更できる「リバ輪（リバーシブル一輪車）」を作りました。

＊二〇〇四年一月号「狭い通路で大活躍！　夢の一輪車『ドリーム・リバ輪』」

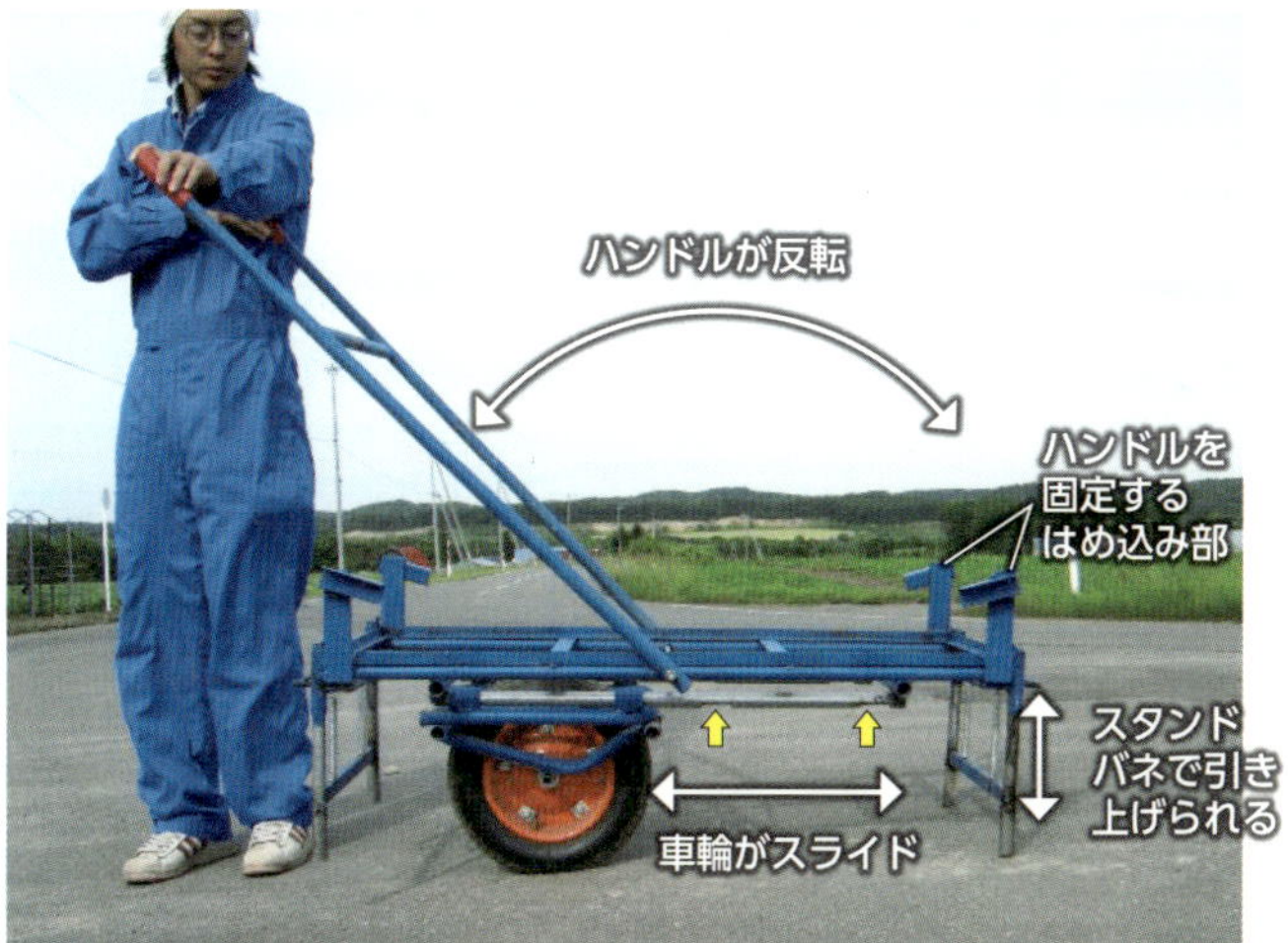
ハンドルが反転
ハンドルを
固定する
はめ込み部
スタンド
バネで引き
上げられる
車輪がスライド

前後を逆にするには、一本の長いボルトを軸にハンドルを反転させ、はめ込み部に固定。スタンドを立ててタイヤを浮かせ、レールに沿ってスライド移動させる。レールには溝（矢印）があり、荷物を載せた重みでタイヤが固定される

メロンハウスの狭い通路でも、自分がぐるっと回らずにすむ

片手でも押せる

自在車付き一輪車

新潟県長岡市・山田 衛さん

自在車を付けて3輪になった一輪車

片手でも押せる。両手で持ったとき、やや前かがみになるくらいの高さに調節

一輪車に自在車を二個取り付けて、三輪車を作りました。人力で支える労力が減り、安定して前後進、一点旋回が可能になります。片手で運ぶことも可能です。

元の支持脚部にL字鋼をUボルトで取り付け、L字鋼の後方に自在車をボルトで設置して完成。自在車は、タイヤに空気を入れるタイプのほうが振動が少なくてラクかと思います。

＊二〇〇六年三月号「自在車付き一輪車」

3箱同時に

カキのコンテナキャリー

新潟県佐渡市・駿河洋吉さん

カキを詰めたコンテナは三箱で八〇kg。自作のキャリヤーは、これを手で持たずに運搬できる。コンテナの下にキャリヤーを入れてハンドルを手前に倒すと、てこの原理でコンテナが持ち上がり、その状態でロックされる仕組みだ。

（取材・トミタ・イチロー）

＊二〇〇九年八月号「カキ園で活躍する足場パイプ収納庫と自作機械」

キャリヤーを下に入れてハンドルを倒すと、てこの原理でコンテナが持ち上がり、同時にロックピンが抜ける

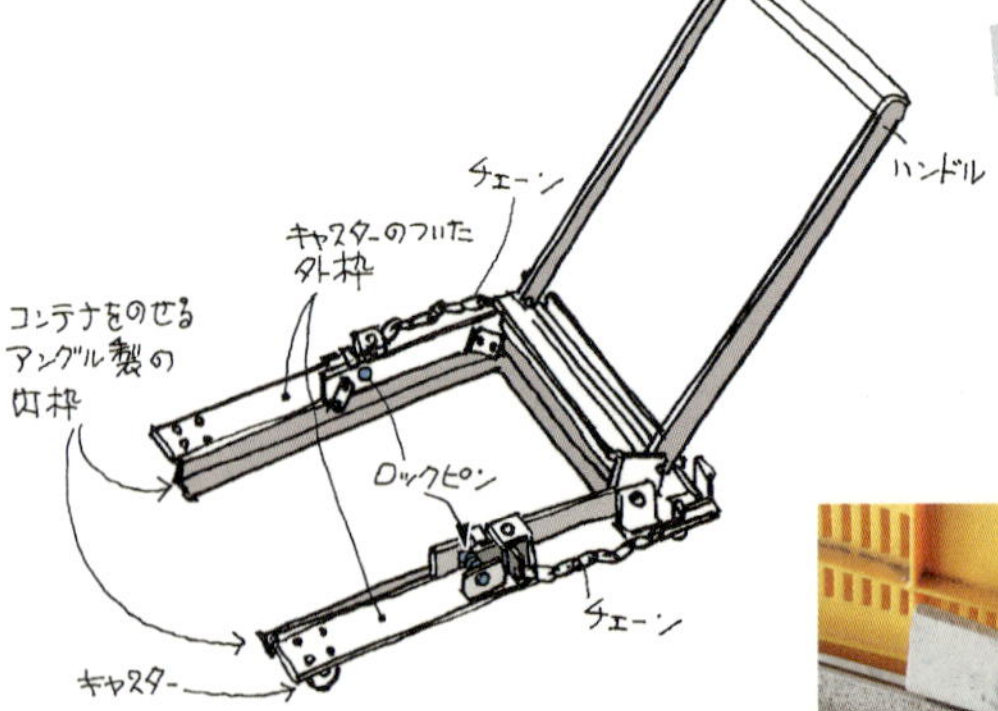

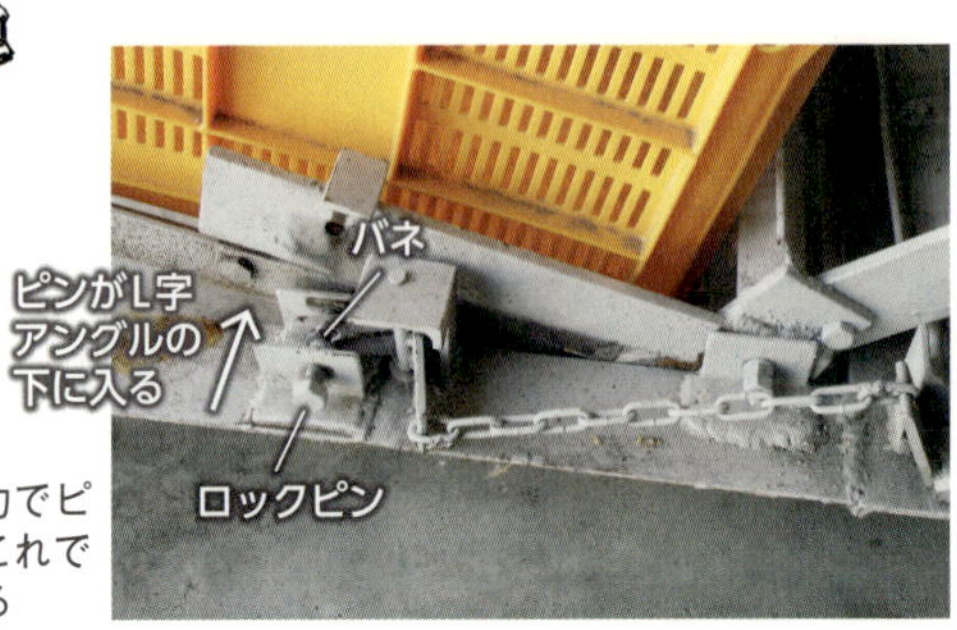

ハンドルをゆっくり戻すと、バネの力でピンが押し戻されてロックがかかる。これでコンテナが地面から浮いた状態となる

コンテナをスイスイ移動

百華号＆滑り台

山形県大江町・清野 剛さん

●果物の入ったコンテナを移動

百華号を前に倒し、ツメをコンテナの両端の溝に差し込む。百華号を起こすと、テコの原理でコンテナが持ち上がる

合計100kgあっても、キャスターでラクに動かせる。百華号はサイズの違うアングルを溶接して作製。取っ手は、強度のことも考えて、水道用の鉄パイプを使用。百華は娘の名前

●空のコンテナを上げ下げ

小屋の窓から道路へ、アングルで作った滑り台。コンテナを3つワンセットにして、滑らせる（コンテナを2つ重ねた中に、もうひとつ縦にしたコンテナが入っている）

コンテナ五段重ねをそのまま

「百華号」とは、果物の入ったコンテナを作業小屋の中でカンタンに移動させる道具です。コンテナはひとつ約二〇kgあり、五段重ねると一〇〇kgになります。それをテコの原理で斜めに倒し、キャスターで移動させます。

一番のアイデアは、コンテナの底にある一cm弱の溝（四辺の段差）にアングル（山形鋼・L字鋼）で作ったツメを差し込んで、フォークリフトのように持ち上げる点です。コンテナが隣同士くっついていても、ほんのわずかな隙間があれば入っていけます。

二階の窓から滑り台

もうひとつ、空のコンテナを小屋の二階に出し入れするときのアイデアもあります。それはアングルで作った「滑り台」です。下ろすときは、コンテナを三つ一セットにしてタイミングよく滑らせます。上げるときは下から押し上げます。最後は、ところてんの天突きのように、竹竿で押していきます。

この滑り台を使えば、腰を曲げてかがんだり、腕を頭の上まで上げることなく、ラクに作業できます。また、トラックで小屋の中まで入る必要もなく、道具や機械の出し入れなど、余計な仕事をしなくてすむようになりました。

＊二〇一三年九月「コンテナをスイスイ移動　百華号＆滑り台」

小回りが利く

ダンプ式ミニ運搬車

香川県三木町・星野 明さん

私が困っていたのは、袋取りコンバインで収穫後のモミ袋の運搬です。一輪車では畦畔の上で脱輪、転倒。田んぼではタイヤがにえこむ（ぬかるむ）……。少しでもラクに運ぼうと考えた結果が、この運搬車です。

管理機（ミニ耕耘機）を利用し、作業機の代わりに一輪車の荷台を取り付けました。田んぼの高低直しの土の移動にもこの運搬車を利用したくなり、荷台を手動で「ダンプ」できるように改良しました。

＊二〇一三年九月号「耕耘機で小回りの利く四輪運搬車」

積載量は約100kg。早歩きくらいのスピードで動く

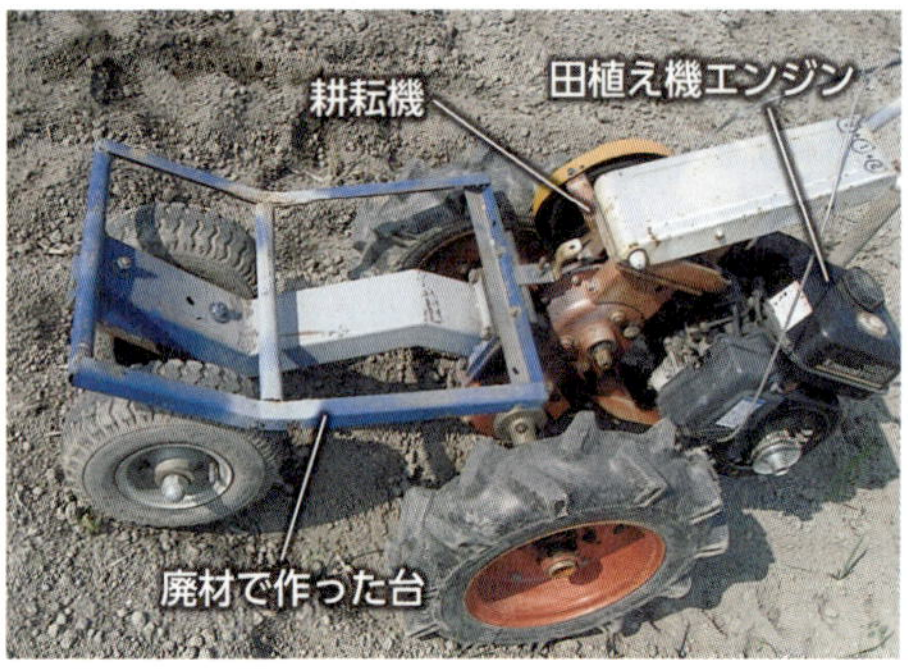

管理機の前方に荷台用の台を取り付けた。エンジンが故障していたため、3.5馬力の田植え機エンジンに交換した

1t積んでもスイスイ

コンバインダンプ

京都府精華町・森田昭二さん

コンバインは、前方の刈り取り部や脱穀部を取り除くと強力なエンジン、頑丈な車体とクローラが残ります。運搬車として再生させるためには、台車を補強。荷台床として鉄板を張り付け、四方に囲い枠を設けるだけで事足ります。私はそれでは満足せず、ダンプ式に改良しました。

油圧ポンプとタンクが一体化したもの、少し長めのシリンダー、上下切り替え作動バルブなど、必要な部品を調達。ダンプ機構には、コンバインの刈り取り部動作用の油圧を利用し、シリンダーの上部を荷台に、下部を台車に取り付けました。レバー一つで、写真のようにシリンダーが伸び、荷台の土砂や堆肥等を落下させることができます。

＊二〇一三年九月号「コンバインで頑丈なクローラ型運搬車」

シリンダーが突っ張るとダンプする仕組み。台車は縦横を鉄材で補強した。1tの土砂を積んでもイネ刈り時より速く走れる

郵便はがき

おそれいりますが切手をはってお出し下さい

1078668

（受取人）

東京都港区
赤坂郵便局
私書箱第十五号

農文協

http://www.ruralnet.or.jp/

読者カード係 行

◎ このカードは当会の今後の刊行計画及び、新刊等の案内に役だたせていただきたいと思います。　はじめての方は○印を（　）

ご住所	（〒　－　） TEL： FAX：	
お名前	男・女	歳
E-mail：		
ご職業	公務員・会社員・自営業・自由業・主婦・農漁業・教職員（大学・短大・高校・中学・小学・他）研究生・学生・団体職員・その他（　）	
お勤め先・学校名	日頃ご覧の新聞・雑誌名	

※この葉書にお書きいただいた個人情報は、新刊案内や見本誌送付、ご注文品の配送、確認等の連絡のために使用し、その目的以外での利用はいたしません。

● ご感想をインターネット等で紹介させていただく場合がございます。ご了承下さい。

● 送料無料・農文協以外の書籍も注文できる会員制通販書店「田舎の本屋さん」入会募集中！
案内進呈します。　希望□

■毎月抽選で10名様に見本誌を1冊進呈■（ご希望の雑誌名ひとつに○を）

①現代農業　②季刊 地 域　③うかたま　④のらのら

お客様コード □□□□□□□□□□

014.07

お買上げの本
■ご購入いただいた書店（　　　　書 店）

●本書についてご感想など

●今後の出版物についてのご希望など

この本をお求めの動機	広告を見て（紙・誌名）	書店で見て	書評を見て（紙・誌名）	出版ダイジェストを見て	知人・先生のすすめで	図書館で見て

◇ 新規注文書 ◇　　郵送ご希望の場合、送料をご負担いただきます。

購入希望の図書がありましたら、下記へご記入下さい。お支払いは郵便振替でお願いします。

（書名）	（定価）¥	（部数）部
（書名）	（定価）¥	（部数）部

460

安く手づくり

手動軽トラダンプ

愛媛県宇和島市・坂本圓明さん

DVDでもっとわかる

堆肥を運搬し、田へ投入するには労力がかかる。そこで考えたのが、この「手動軽トラダンプ」である。

材料は鉄骨材や板、古い軽トラの荷台、キャスターなど。軽トラの荷台の上に、もう一つダンプの荷台が載ったような格好だ。荷を下ろすときは、ダンプ荷台を手で押し、レールに沿って後ろにスライドさせる。

これがあれば、一度に二五〇kgくらいの重さまで、堆肥をラクラク投入することができる。

私は地元の生産組合のオペレーターとして集団転作でダイズを受託栽培している。水稲栽培後にこの軽トラダンプを使って堆肥を一〇a当たり九t投入し、土づくりに努めた。堆肥を数秒で下ろすことができるため、作業時間の短縮にもつながり役立った。現在は堆肥の運搬・投入だけでなく、客土にも活用している。

なお、荷台に設置したダンプとレールは簡単に取りはずせるので、普段は軽トラ本来の目的で使える。

＊二〇〇七年四月号「軽トラに手動ダンプ」

あおりストッパー
あおりストッパー開閉レバー
ロックピン
キャスター
レール
荷台ストッパー（ロータリの爪）
荷台を傾けた時に支えるガイド（ロータリの爪を利用）

ダンプ荷台はひと回り小さい旧式の軽トラから調達。2本のレールに沿ってキャスターでスライドする。レールの終点にはロータリの爪で作った「荷台ストッパー」。キャスターがここまで来たら、軽い力で荷台を傾けられる

チェーンストッパー
荷台を固定するロック（ロータリの爪）

チェーンストッパーで荷台が完全に落ちないようになっている。また、「あおりストッパー」を外しておけば、荷台が下がったとき、あおりが勝手に開く

重い土砂を積んでも、ドサッと簡単に落とせる

トラックをもっと便利に

草刈り機の積み下ろしがラク

軽トラ歩み板

鹿児島県南さつま市・狩集満彦さん

斜面草刈り機を、軽トラックの荷台に積み下ろしするのに作った歩み板です。使い方は矢印の順の通り。50kgの機械も一人でラクラク積み下ろしできます。機械は歩み板の段差にすっぽり入って固定されるので、移動中に動きません。ロープ掛けも必要ありません。

＊2013年3月号「斜面草刈り機の積み下ろしがラクラク　自作歩み板」

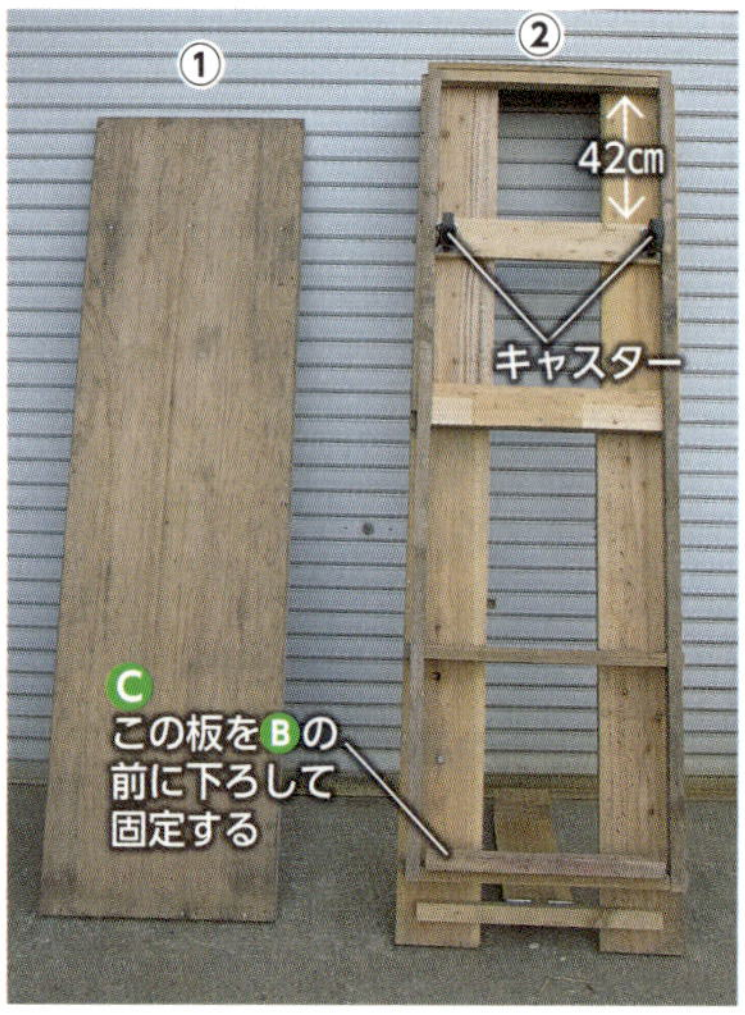

裏面

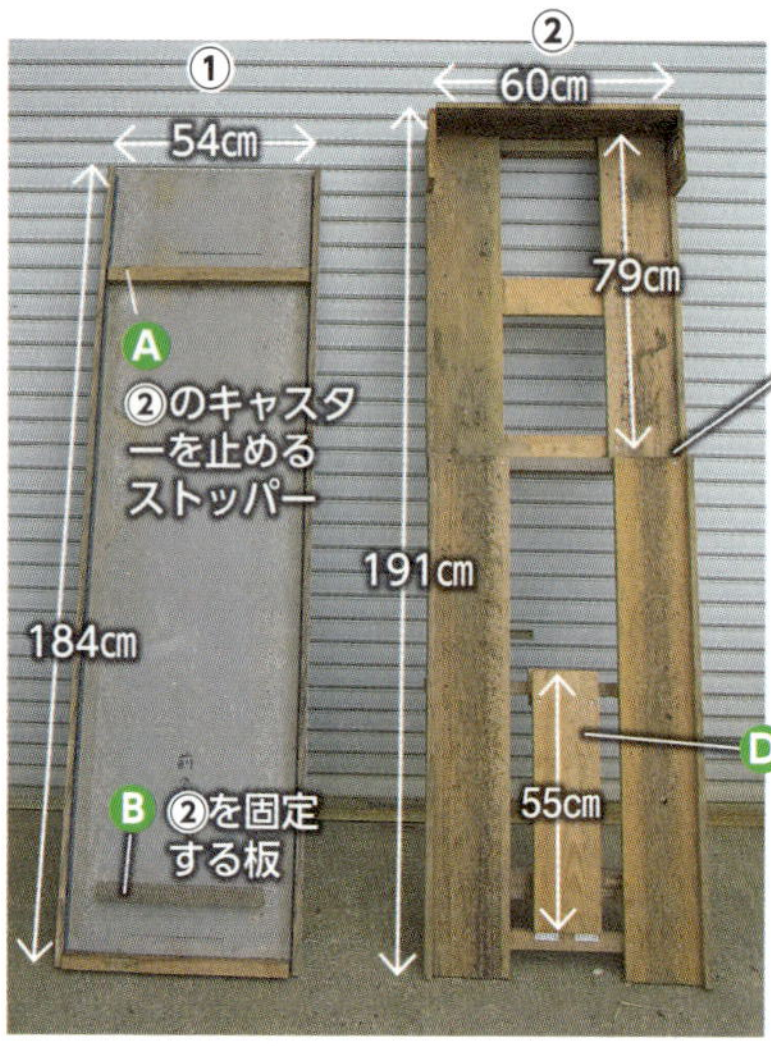
4.5cmの段差があって草刈り機がはまるようになっている
D 草刈り機のアームを固定する板 蝶番で90度開く

自作歩み板の上面

材料は、合板（厚さ5.5mm）1枚、スギ荒材（190×20cm）2枚、板（180×15cm）、角材数本、キャスター（耐加重30kg）2個、その他蝶番や釘など、どれもホームセンターにあるものばかり。5000円もあれば揃う。

歩み板にスパイク爪が食い込んで安定して上る。歩み板の段差（○印）に斜面草刈り機（オーレック社のスパイダーモアSP850A）が落ちたらエンジンを止める。段差で草刈り機が下がるのを防止する

歩み板の端を持って上げる。草刈り機の重心が支点（キャスター）より前なので、重さ50kgの機械も軽く持ち上がる

そのまま歩み板をストッパーAに当たるまで押し、Bの前にCがはまるように下ろせば固定される。最後に板Dを持ち上げてアームを固定したら積み込み終了。荷台のアオリを立てれば歩み板が固定され、ロープをかけなくても安定する

取り外し簡単、力持ち

トラックに簡易クレーン

岐阜市・安田正弘さん

簡易クレーン「吊重郎」

軽トラックも持ち上がった（約800kg）

仕様

幅	1560㎜
長さ	950㎜
高さ	1483㎜
重量	本体　約100kg 補助ジブ　約10kg
吊上荷重	800kg 100kg（補助ジブ）
最大揚程	約2100㎜ 約3300㎜（補助ジブ） （チェーンブロック高さ300㎜の場合）

注1）仕様は改良のため変更することがある
2）特許出願済み、意匠登録（第1334133号、1334146号）済み

冬、父がイチゴの暖房用の灯油が入ったドラム管をトラックから下ろす姿を見て、ケガをしないかと心配になったことから、簡単なクレーンを作ることを思い立ちました。

製作にあたって留意したことは、

①三〇〇kg以上の重量物を扱える。

②コンパクトで、トラックに付けた状態でも荷台を広く利用できる。

③取り外しが簡単。イネ刈りなどのときには取り外したい。

できあがってみると、なかなか便利なもので、ドラム缶のほか、モミすり機、スギの原木、鉄骨ビニールハウスの移築、父の趣味の庭石など、今まで苦労していたものを簡単に運ぶことができました。愛称は「吊重郎《ちょうじゅうろう》」です。

基本的にご自身の利用（非商業的）のための製作は制限しませんが、製作した場合には必ずご一報ください。ホームページに、図面や部品等の入手についてさらに詳しい情報を記載しています。（http://idee-fabrik.la.coocan.jp/cyojyuro/）

＊二〇〇八年九月号「取り外し簡単、力持ち簡易クレーン」

吊重郎の構造

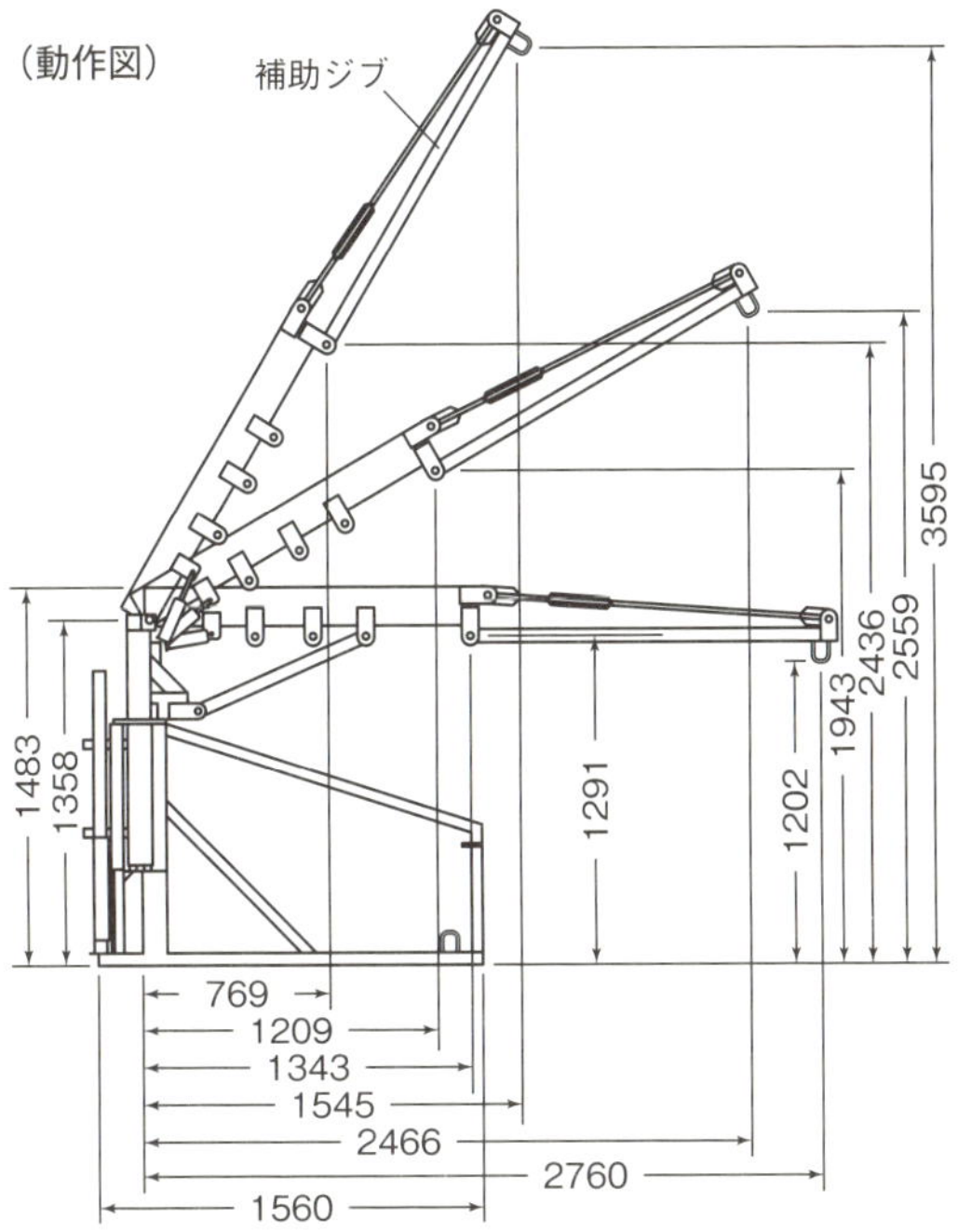

（ベース部分の取り付け図）

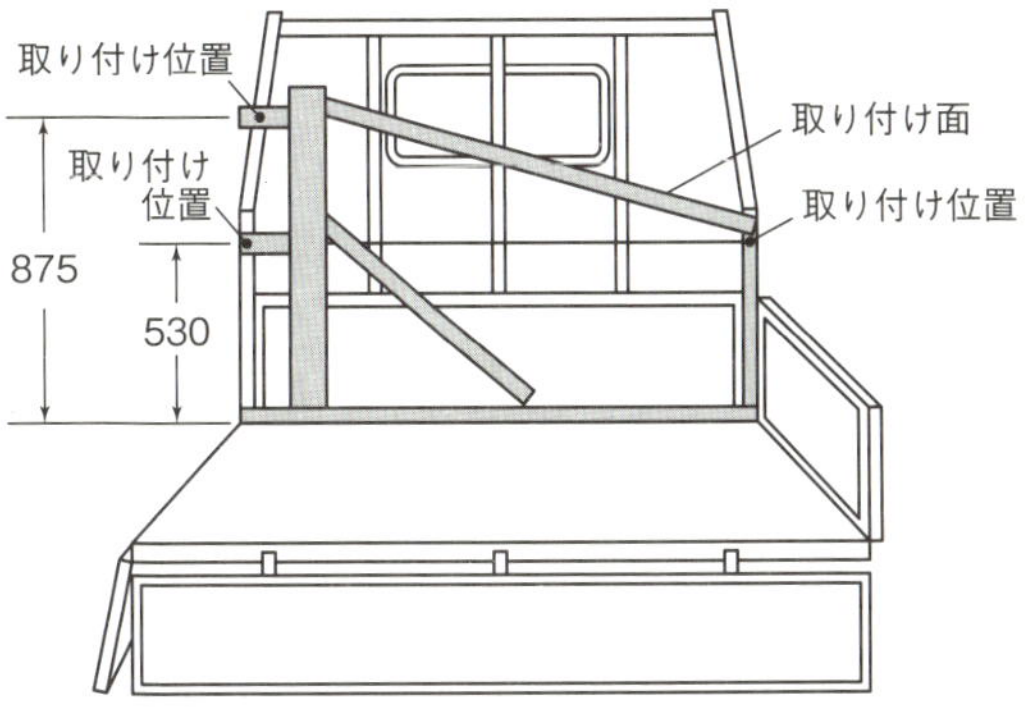

取り付けは3カ所にボルトで固定するだけ。取り付けが可能なトラックの条件は、取り付け面が平坦なこと、あおりがあること、荷台幅（あおりの内側）が1600㎜以上あること

工作のワザ

被覆アーク溶接。強烈な光線と火花が出るので、必ず保護溶接面（遮光度10 ～ 12番）を使って目や顔を守る

溶接のしくみとワザ

DVDでもっとわかる

埼玉県さいたま市・井上昌之さん

金属どうしを溶け合わせるから早い、軽い

埼玉県さいたま市で促成トマトを中心に露地野菜も栽培しています。日々の農作業のなかで「この作業をこんな道具でやったら効率が上がるかな?」と常に考え、具体的な道具をつくるのに必要な技術が溶接でした。

溶接は、金属どうしを溶かし合わせて接合する技術です。穴あけ作業がないのでボルト締めやリベット結合よりも作業時間が短縮でき、製作物の重さも軽くつくれるのが利点です。

溶接には大別すると電気溶接（アーク溶接）とガス溶接の二種類があります。

電気溶接は、商用電源の二〇〇V（または一〇〇V）を溶接機に供給し、ホルダーにセットした溶接棒（プラス電極）の先端を、アース（マイナス電極）を接続した溶接物に接触させることで電気火花（アーク）を発生させ、六〇〇〇度の高温で溶接棒と溶接物を溶かし合わせる方法です。

いっぽうガス溶接は、可燃性のアセチレンガスと支燃性の酸素ガスを使って専用のガストーチ吹管で火炎を出し、三三〇〇度の温度で溶かし合わせる方法です。

どんな材料を使ってどんな道具をつくるかによって、溶接方法も使い分ける必要があります。

被覆アーク溶接
どこでも使えて頑丈仕上げ

被覆アーク溶接とは、鉄の心線にフラックスと呼ばれる被覆剤が塗布された溶接棒を使う電気溶接です。フラックスはアークを安定させ、溶接中にガスを発生させて溶融金属の酸化や窒化を防ぎ、溶着金属の急冷を防ぐ役目があります。

溶接棒を付け替えることで、さまざまな板厚のものを溶接できるのが被覆アーク溶接の特徴です。ただしアークの出し方や運棒（溶接棒の動かし方）が比較的難しく、とくに薄板の溶接にはある程度の慣れが必要です。私は、板厚六㎜以上の材料を十分に溶け込ませたい溶接の場合に使っています。

溶接棒を挟んだホルダーと溶接機をつなぐケーブルだけで作業できるので、非常に簡便に利用できます。また作業場所に溶接機を置けなくてもケーブルを延長するだけで使えるので機動性も高く、風にも強いため、屋外の現場溶接に多く使われています。

被覆アーク溶接機は、ホームセンターでも販売されています。交流式と直流式があり、交流式溶接機は安価なのが魅力ですが、電気使用の効率が悪く、アークの発生と安定性が直流式より劣ります。直流式はアークが非常に安定しているため、溶接棒が材料にくっついたり途中でアークが切れてしまうことも少なく、溶け込みも深い特性があります。私が使っている被覆アーク溶接機は、直流式の溶接電流三〇〇Aの中型機種です。

溶接棒は板厚より細めが基本、乾燥の徹底も大事

溶接で一番大切なことは、金属どうしが十分に溶け込むことです。そのために溶接棒をホルダーにセットする前から気をつける点がいくつかあります。

まず不純物が一緒に溶け込むことがないよう、溶接する部分とアースを繋ぐところのサビや塗料をワイヤーブラシやグラインダーでよく落とします。

溶接する板厚を確認して溶接棒の径を選ぶことも大切です。溶接棒は太いほうが一本当たりの溶着金属量が多くて能率は上がります。しかし、板厚よりも溶接棒径が太いとア

被覆アーク溶接のしくみ

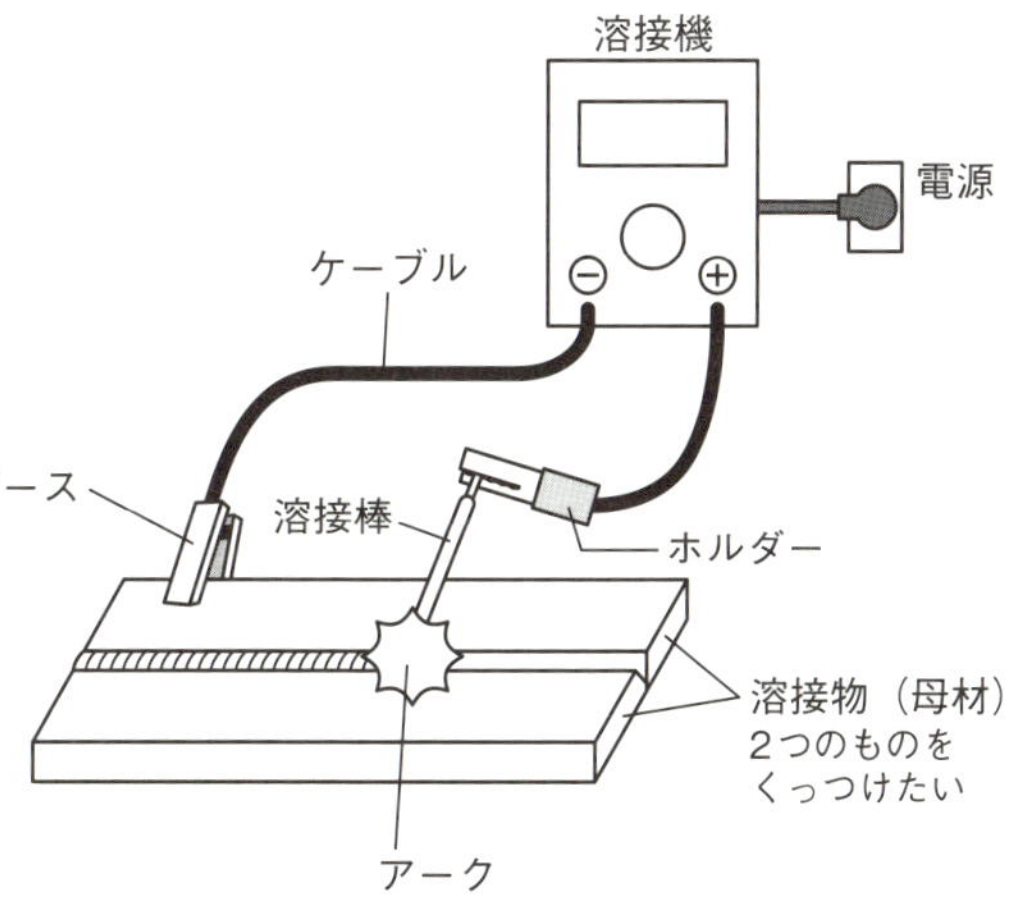

アース（マイナス電極）をつないだ溶接物に溶接棒（プラス電極）を近づけることで電気火花（アーク）が発生。高温で溶接物と溶接棒を溶かし合わせる

溶接棒の動かし方

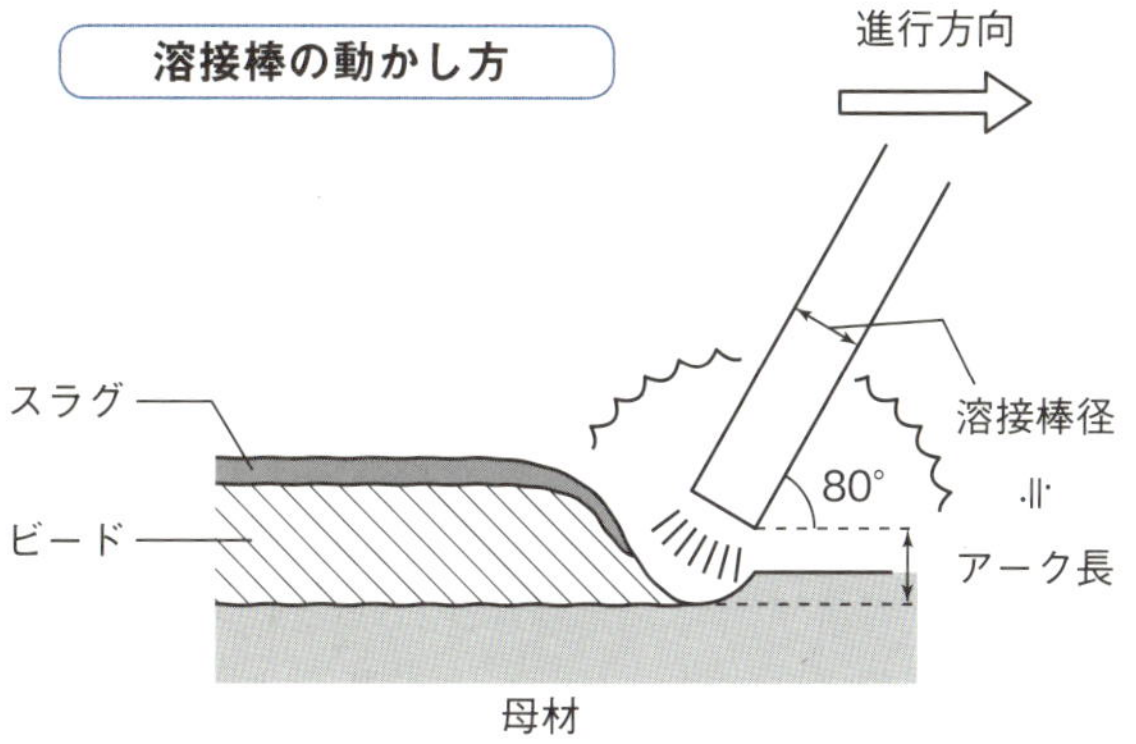

・進行方向に向かって溶接棒を80～70度に傾ける
・アーク長（溶接棒と母材の距離）が溶接棒径と同じ長さになる状態を保つ

この2つを守りつつ、溶接棒が溶けるに従って自然と手を下ろしていく感覚で動かす

乾燥機（上）と各種溶接棒。もっともよく使うのが、「ゼロードZ-44」（真ん中）。「LB-52」（上）は、垂れにくいので、縦向き、横向き、上向き溶接に使用。ただし、アークの安定が悪いので熟練者向き。「NZ-11」（下）は、鉄骨ハウスの亜鉛メッキ鋼材専用

溶接姿勢

下向き溶接は、重力に逆らわないので一番作業がやりやすい。溶接棒が溶けるのに合わせて運棒すれば問題なくできる。縦、横、上向き方向は、重力によって溶けた金属が垂れてくる。そこで下向き溶接より電流を少し下げて溶接し、垂れ落ちるのを防ぐ。ただし垂れるのが怖くて電流を下げすぎると溶け込み不良を招く。

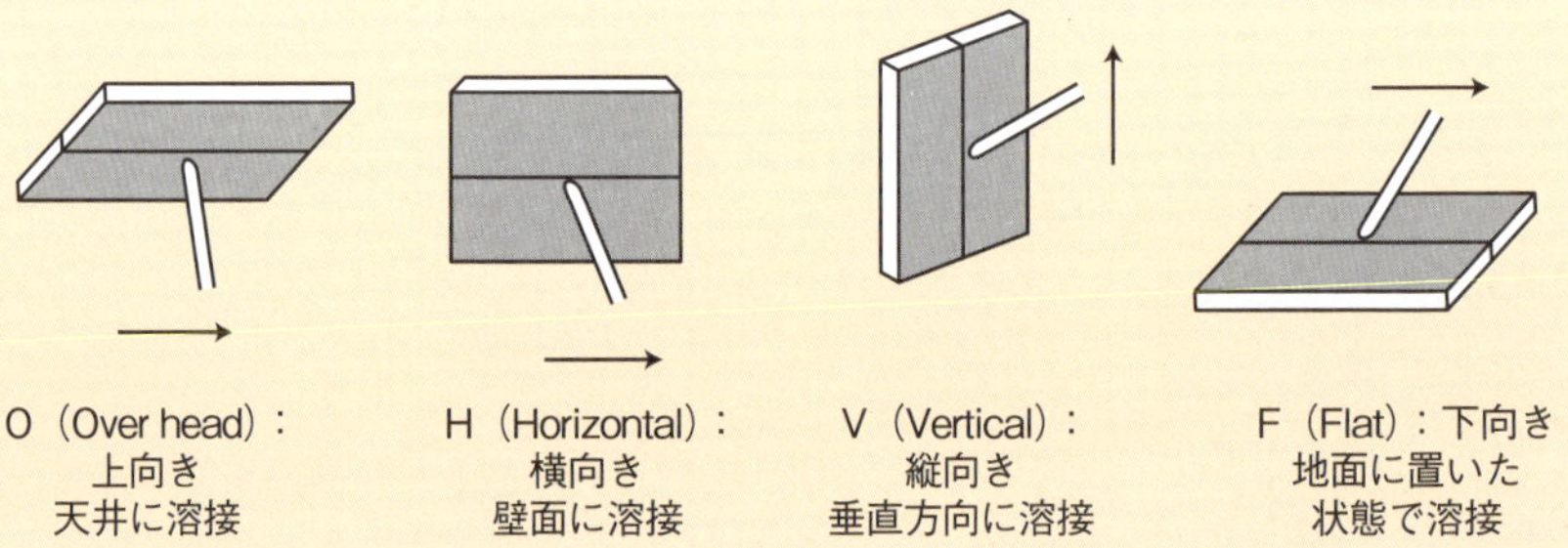

O（Over head）：
上向き
天井に溶接
H（Horizontal）：
横向き
壁面に溶接
V（Vertical）：
縦向き
垂直方向に溶接
F（Flat）：下向き
地面に置いた
状態で溶接

半自動溶接の作業に使うもの

ワイヤー供給装置
ワイヤーコイル
トーチノズル
アース

炭酸ガスボンベ

筆者の半自動溶接機。溶接電流160Ａの小型機種。4㎜程度までの板厚や細かい工作に向く

半自動溶接機のしくみ

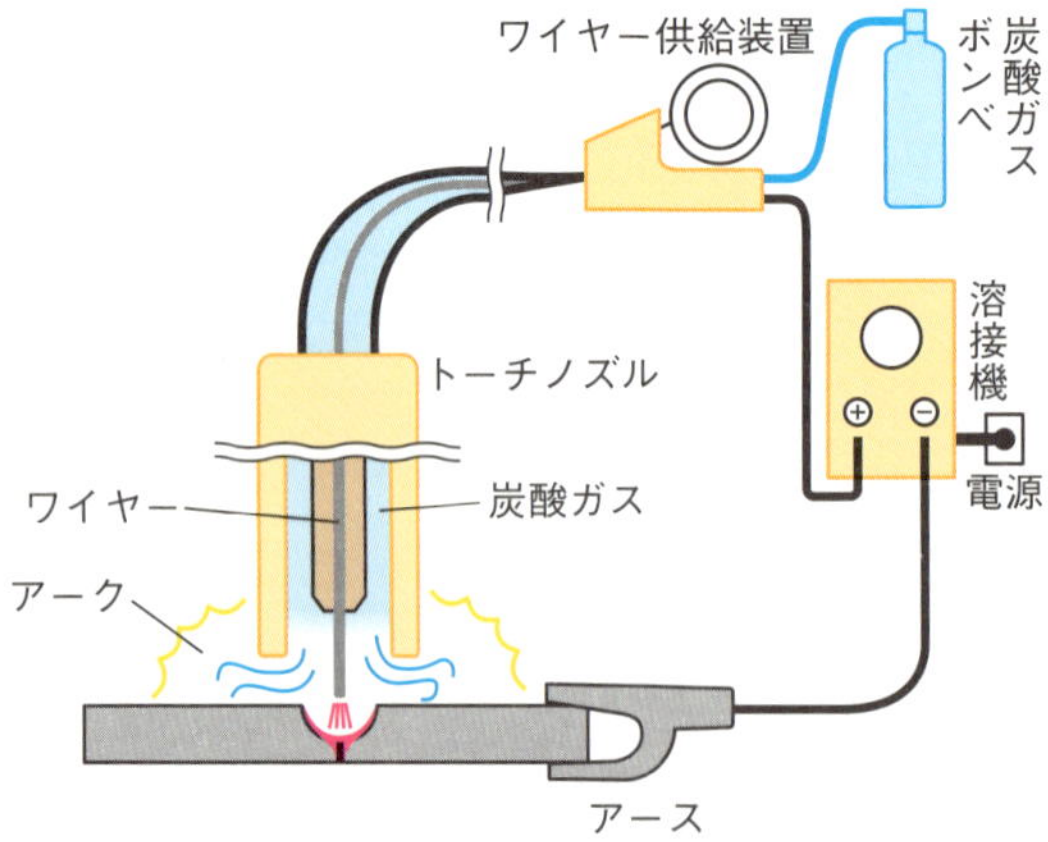

ワイヤー供給装置
炭酸ガスボンベ
溶接機
電源
トーチノズル
ワイヤー
炭酸ガス
アーク
アース

アース（マイナス電極）をつないだ溶接物にトーチノズル（プラス電極）を近づけ、スイッチを押すとトーチの中のワイヤーが伸びて電気火花（アーク）が発生して溶接する。同時に炭酸ガスも吹き付けられ、溶接部分を保護する

ークの吹きつけ力が強すぎて溶接物に穴が開きやすく、作業は難しくなります。基本は対象板厚より直径が細い溶接棒を選ぶことです。

見落としがちなのが、溶接棒の乾燥の徹底です。湿った溶接棒を使うと、アークが出にくくて溶接材にくっつきやすく、溶接後に溶接部を覆うスラグが非常に剥がれにくくなってしまい、あとで塗装する際などに苦労します。そうならないために必要な工程が乾燥なのです。一般的な軟鋼用溶接棒は、専用の乾燥機に入れ、七〇～一〇〇度で三〇～六〇分程度乾燥させます。

溶接棒、溶接姿勢に合わせて電流を調整

練習をしてスムーズにアークを出せるようになっても、うまく溶け込まずにボコボコいびつな溶接になってしまうことがあります。そんな溶け込み不良を起こさないため作業時に気をつけることは、使う溶接棒の箱に必ず書いてある溶接電流を守ることです。

電流が高いとアークの吹き付け力が強力になるため、溶接物に穴が開いたり、溶接ビード（溶接後にできる波模様）の両端に溝ができるアンダーカットという欠陥が発生しやすくなります。逆に電流が低すぎると、アークの吹き付ける力が弱くなって溶け込み不足になりやすいのです。

また電流値は、溶接する向き（溶接姿勢）によって調整しなければいけません。溶接姿勢には上図のような四タイプがあります。被覆アーク溶接で全姿勢方向の溶接ができれば相当な腕前です。

半自動溶接

スイッチを押すだけでアーク発生 作業効率も抜群

半自動溶接は、被覆アーク溶接で使うホル

ダーと溶接棒とは違い、鉄砲型トーチノズルと針金状の細いワイヤーコイルを使う電気溶接です。トーチノズルのスイッチを押すだけでワイヤー（被覆アーク溶接でいう溶接棒の鉄芯）が自動的に供給されてアークが発生。同時に溶接部分を保護する炭酸ガス（溶接棒の被覆材の役割）も吹き付けられ、連続的に溶接できます。別名として炭酸ガス溶接とも呼ばれます。

溶接したい部分にトーチをかまえてスイッチを押すだけでピンポイントでアークを出すことができるので、細かい部分の点付け溶接も簡単にできます。しかもスイッチを押している間は連続的にワイヤーが供給されてアークが持続するため、被覆アーク溶接のような溶接棒の取り換え作業もいりません。溶接速度も速く、スラグ（溶接後に取り除くカス）の生成が非常に少ないので作業効率が上がります。

あまりにも手軽なので、いまや私の溶接作業の五割は半自動溶接。半自動溶接機は被覆アーク溶接機より価格は高い（三〇万円くらいから）ですが、農機具の修理や道具づくりに欠かせません。

ガス溶接するときは、まず火炎で溶接物（母材）を熱し、オレンジ色になって表面が溶けてきたら溶接棒を近づけ、溶接物と溶接棒を十分に溶かし合わせて接合。溶接棒はガス溶接専用のものを使用

ガス溶接

一㎜の薄板でも溶接できる

ガス溶接は、可燃性のアセチレンガスと支燃性の酸素ガスを混合し、溶接用の吹管で火炎をつくり、この熱で溶接物と溶接棒を溶かして接合する方法です。電気溶接との大きな違いは、溶接するときの温度です。電気溶接のアークは五〇〇〇度以上の熱で金属を溶かすのに対して、ガス溶接は三三〇〇度程度の低い温度で溶接します。そのため電気溶接ではアークの高温と勢いで穴が開いてしまうことが多い一㎜前後の薄板でも、ガス溶接なら問題なく溶接できます。穴が開いてしまった薄板に肉盛り溶接して補修することも可能です。

溶接温度が電気溶接と比較して低いのがガス溶接の利点ですが、注意点でもあります。電気溶接よりも溶接するのに時間がかかるため、溶接物に余計な熱が入り、ゆがみが出やすいのです。したがって、ミリ単位で精密な製品を作るのには向きません。

19㎜パイプをＴ字型につけるような溶接もガス溶接なら簡単。接合部をゆっくり熱しながら溶接棒を溶かして肉盛り溶接していけば隙間を埋められる

筆者のガス溶接機材。酸素ボンベとアセチレンボンベから伸びるホースが吹管につながり、それぞれのガス量を吹管についたバルブで調節して火炎の出方を調整する

溶断や曲げ加工にも使える

ガス溶接の火炎は、溶接だけでなく溶断（鉄板等を溶かして切断）や加熱作業にも使えるのが大きな利点です。溶接専用の吹管と切断・加熱用の吹管があり、目的によって取り替えます。ディスクグラインダーなどの電動工具で切断するのが難しい厚い鉄板でも、溶断するのは簡単。加工が大変な太い丸棒やパイプなども、ガスの火であぶってやれば容易に曲げられます。農機具をぶつけて曲げてしまっても、加熱して直せばキレイに元に戻せます。また、電気溶接するとき邪魔になる亜鉛メッキや塗料も、焼いてしまえば除去できます。

＊二〇一四年十一月号〜二〇一五年一月号「溶接でつくるアイデア農機具」

塩ビパイプの規格、接続のコツ

塩ビパイプ利用名人・飯田哲夫さんにきく

VPとVU●塩ビパイプの種類

塩ビパイプもしくは塩ビ管は、正式には「硬質塩化ビニル管」という。本来は水を通すために使われる地味なネズミ色のパイプ。定尺は四mだが、ホームセンターに行くと一mに切断したものから売られている。

塩ビパイプには、大きく分けて「VP」と「VU」という二つの種類がある。VPもVUも見かけの色や材質は変わらない。両者の違いはパイプの厚みだそうで、VPは給水（水道）用で圧力がかかるので肉厚、VUは排水用なのでVPより薄くできている。価格は重量に比例するらしく肉厚のVPのほうが高い。直径五〇㎜のパイプ（四m、以下も）の場合、飯田哲夫さん（四五ページも参照）の近所のホームセンターではVPが一五〇〇円、VUが七八八円と二倍近い差があった（二〇一三年九月当時）。

なおVUには、リサイクル原料で作られた「再生管」という安いパイプがある。同じホームセンターでは、一〇〇㎜のVUが一五〇〇円だったのに対して、再生VUは一〇五〇円だった。

継手を活用

飯田さんは、塩ビパイプで太陽熱温水器も手作りしているが、これを作るには塩ビパイプどうしをつなぐ「継手」を多用している。継手を間に挟むことで、角度を変えたり、分岐させたり、太さの異なるパイプどうしをつないだりできる。

●チーズ

水をためるタンクである一〇〇㎜のVUパイプどうしをつないでいるT字型の継手。タンク四本で一つのユニットになっているが、隣のユニットとつなぐ部分には異径のチーズ（四〇×二〇㎜）とエルボを使っている。

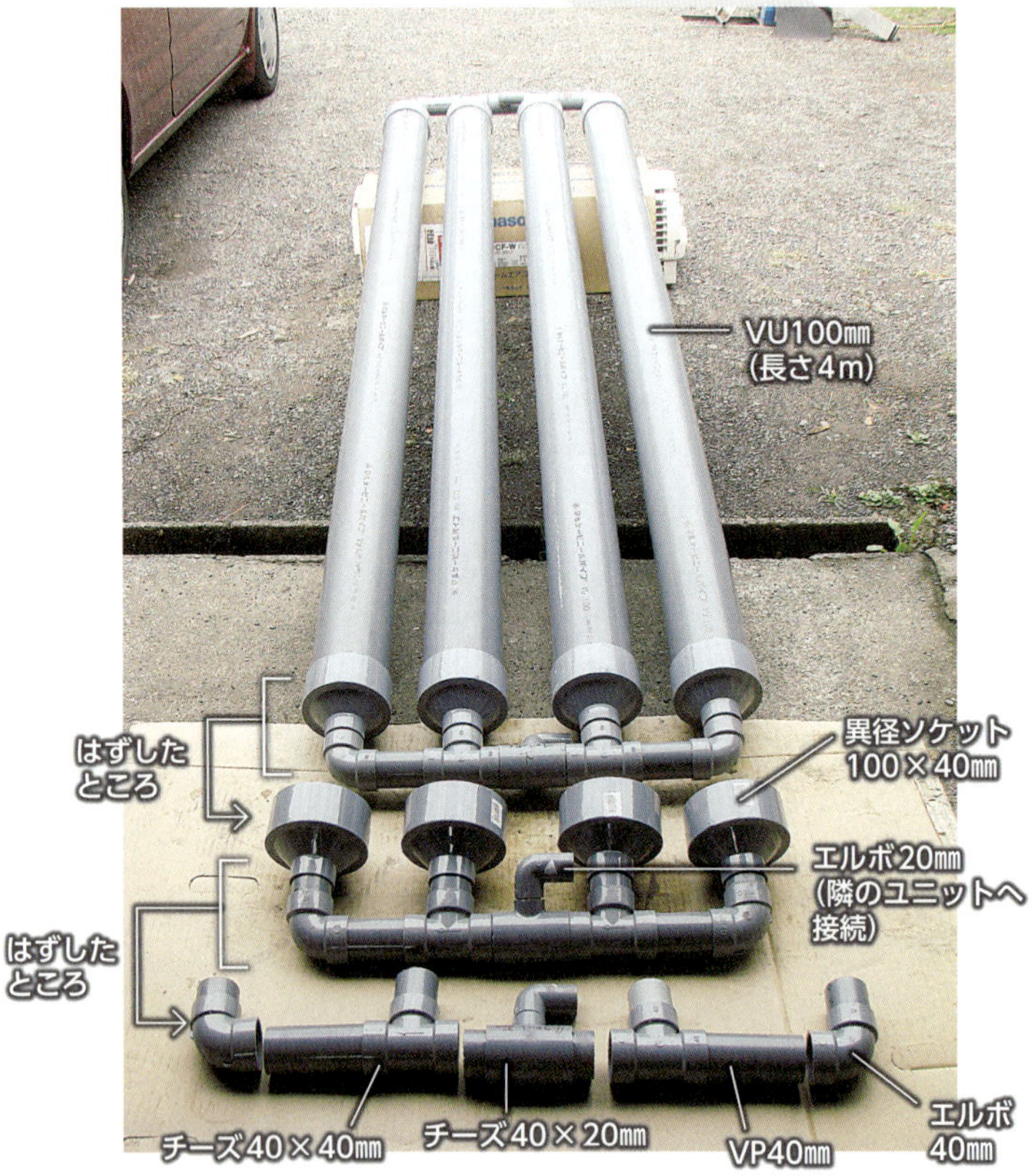
VU100㎜
(長さ4m)
はずしたところ
異径ソケット
100×40㎜
エルボ20㎜
(隣のユニットへ接続)
はずしたところ
チーズ40×40㎜
チーズ40×20㎜
VP40㎜
エルボ
40㎜

飯田さんの太陽熱温水器の１ユニット（タンク４本）

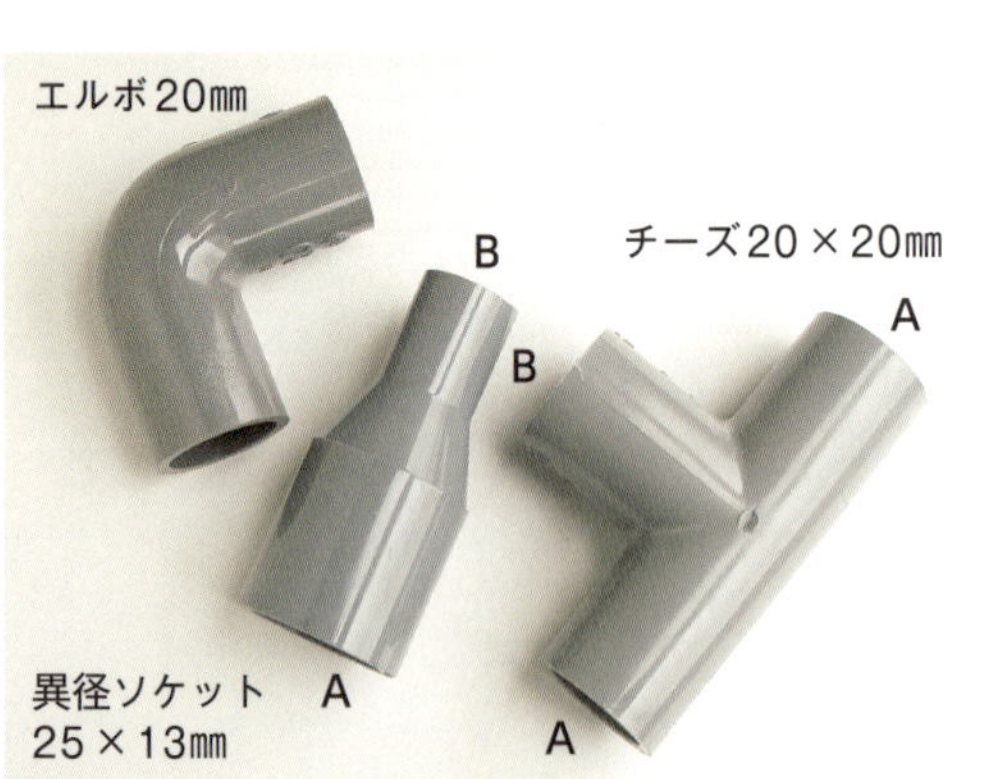
エルボ20㎜
チーズ20×20㎜
B
B
A
異径ソケット
25×13㎜
A
A

継手の例。継手のサイズはA×Bの呼び径で表記。継手の内径は、同じ呼び径のパイプの外径と同じ大きさになっている

●エルボ

パイプどうしを九〇度曲げてつなぐときに使う継手。タンクユニットの両サイドには四〇㎜のエルボを、ユニットどうしをつなぐ部分には二〇㎜のエルボを使っている。

●異径ソケット

太さの違うパイプをつなぐときに使う。温水器のタンクは一〇〇㎜のVUパイプだが、両端に付けた一〇〇×四〇㎜の異径ソケットで細くしたうえで隣のタンクとつないでいる。

パイプと継手は「呼び径」で選ぶ

ところで、ここまで「××㎜の塩ビパイプ」という書き方をしてきたが、「××㎜」は塩ビパイプのおよその直径。カタログなどでは「呼び径」と表記している。VPではほぼ内径の数値に近いのだが、それでも太さによっては若干異なる。VUの呼び径は内径よりも小さい。したがって、呼び径の数字はパイプの内径とも外径とも違うのだが、パイプと継手をつなぐときには、この数字が同じならピッタリはまるような規格になっている。

たとえば、飯田さんの太陽熱温水器でも使われている四〇㎜のVUパイプと四〇㎜のチーズを接続する場合——。四〇㎜VUパイプの外径は四八㎜ある。一方、四〇㎜のチーズは内径が四八㎜。パイプをチーズの内側に挿し込むとピッタリだ。

また、継手はVPパイプでもVUパイプでも共用できる。つまり、呼び径の数字が同じなら、VPでもVUでも外径は同じなのだ。

ちなみに、水道用で圧力がかかるところに使われるVPには呼び径一三㎜という細いパイプもあるが、排水用のVUは四〇㎜以上の規格しかない。逆に、三五〇㎜以上の太いパイプはVUだけだ。

塩ビパイプの規格

区分	VP		VU	
呼び径 (mm)	外径 (mm)	内径 (mm)	外径 (mm)	内径 (mm)
13	18	13	-	-
16	22	16	-	-
20	26	20	-	-
25	32	25	-	-
30	38	31	-	-
40	48	40	48	44
50	60	51	60	56
65	76	67	76	71
75	89	77	89	83
100	114	100	114	107
125	140	125	140	131
150	165	146	165	154
200	216	194	216	202
250	267	240	267	250
300	318	286	318	298
350	-	-	370	348
400	-	-	420	395
450	-	-	470	442
500	-	-	520	489
600	-	-	630	592
700	-	-	732	687
800	-	-	835	783

＊パイプによって若干の誤差は許容されている

つなぎ方のコツ

さて、材料のパイプと継手が揃ったら、いよいよ組み立て。飯田さんの経験では、このときにいくつか気をつけたほうがいいことがあるという。

●どこまで挿せるか目印を

前述のように、パイプとパイプをつなぐときには継手を間に挟むのが一般的。そのとき、継手にパイプをどこまで挿すことができるのか、あらかじめマジックで印を付けておく。つないだ後に見ると、印なしでは挿したパイプがどこまで継手に入っているのかわからないからだ。太陽熱温水器のように水を通す物を作る場合、挿し込み方が浅いと水漏れの原因になる。

●接着したところにも目印

パイプと継手は、ギュッと押し込んだだけでも抜けにくくなるが、ちゃんとつなぐには専用の接着剤を塗る必要がある。

太陽熱温水器はパーツが多いうえ構造も複雑。飯田さんはまず、タンク四本のユニット単位で仮留めしてから接着していった。このとき、接着剤を塗って挿したところに印を付けておかないと、塗り忘れが出やすい。

●塗って挿したら、そのまま××秒

塩ビパイプの接着剤はヌルッとしていて弾力があるので、挿し込んですぐ手を放すとパイプが戻ってしまう。奥まで挿して接着したつもりが、浅くしか入っていなかったということになりかねない。そこで、四〇㎜のパイプを挿すときは四〇秒、一〇〇㎜のパイプを挿すときは一〇〇秒、パイプの径に合わせた時間だけ、しばらく手で押さえておいたほうがいいそうだ。編

＊二〇一三年十一月号「塩ビパイプ利用名人に聞く 塩ビパイプの規格、接続のコツ」

筆者と自作の薪割り機。トラクタの油圧を利用。
たいていの市販の薪割り機より強力

DVDでもっとわかる

油圧を使いこなす

群馬県渋川市・柴崎政利さん

油圧に出会って 夢の専用機ができた

群馬の北橘《きたたちばな》地域は、戦後間もなくからユキヤナギの栽培が盛んでした。ユキヤナギの促成栽培方法には、畑から切ってきた枝を水槽の中で咲かせる切り枝栽培と、株ごと掘り上げて温室の中に入れて咲かせる株入れ栽培があります。株入れ栽培は良い品質の花が咲くのですが、シャベルで株を掘り上げる作業、掘り上げた株を温室に運び入れる作業、枝を切り終えたあとの株をまた畑に戻す作業と、すべて重労働でとても大変です。

自分は機械やモノ作りが好きでしたので、まず株を掘り上げる機械を作ろうとしました。油圧を利用することで、なんとかモノになりそうな機械の目途が立ちました。今では、洗面器を深くしたくらいの半円形に根を切る根切り機、畑で株を集めてトラックの荷台まで運ぶ株運搬機、咲き終えた株を畑に戻す株戻し機の三台の専用機で株入れ栽培をしています。

ゆっくりした大きな力を 好きなところに配置できる

油圧というと、専門的でとても素人には手出しできないような印象だと思いますが、そんなことはありません。油圧は自作農機製作の可能性を広げる強力な武器にもなるでしょう。

油圧の基本的なしくみは次ページの図のとおり。ポンプでタンク内の作動油を汲み上げて押し出し、そこで生み出す圧力を配管で伝え、シリンダーで運動（作業）に変えます。切り替え弁で作動油の流れ方を変えることで、運動の方向も決められます。

油圧の利点は、油圧シリンダーや油圧モーターなどで「ゆっくりした大きな力」を得られること、それらを配管によって「好きなところに配置できる」ことです。

流量が多い→作業が速い シリンダーが太い→力が大きい

配管を流れる作動油の流量が多いほど作業の動きは速くなり、流量はポンプの大きさで決まります。

また作業の力は、シリンダーの太さで決まります。たとえば直径一〇cmのシリンダーは、五cmのものの四倍の力が出せます。作動油の圧力がかかる面積に比例して力も大きくなるからです。ただし、シリンダー内で使う作動油の量も多くなるため、動く速さは四分の一になります。

トラクタの油圧を利用

では、自作の薪割り機を例に、具体的な油圧の利用法を説明したいと思います。薪割りは、油圧のゆっくりした大きな力という利点を大いに発揮できる作業です。この薪割り機は古いトラクタに付けてあり移動できるので、薪ストーブのある近所の人たちにも使ってもらい好評です。

トラクタには、作業機を上げ下げしたり

するために必ず油圧が付いているので、これを利用します。油圧の取り出し口もあるはずですが、古いトラクタで使い方がわからなかったので、ポンプからタンクへ向かう配管から直接取り出しました。この場合、高い圧力がかかっても配管や部品が壊れないよう、リリーフバルブの確保に注意します。中古機械の切り替え弁にはたいていリリーフバルブが組み込まれているので、これを再利用します。

油圧のしくみ

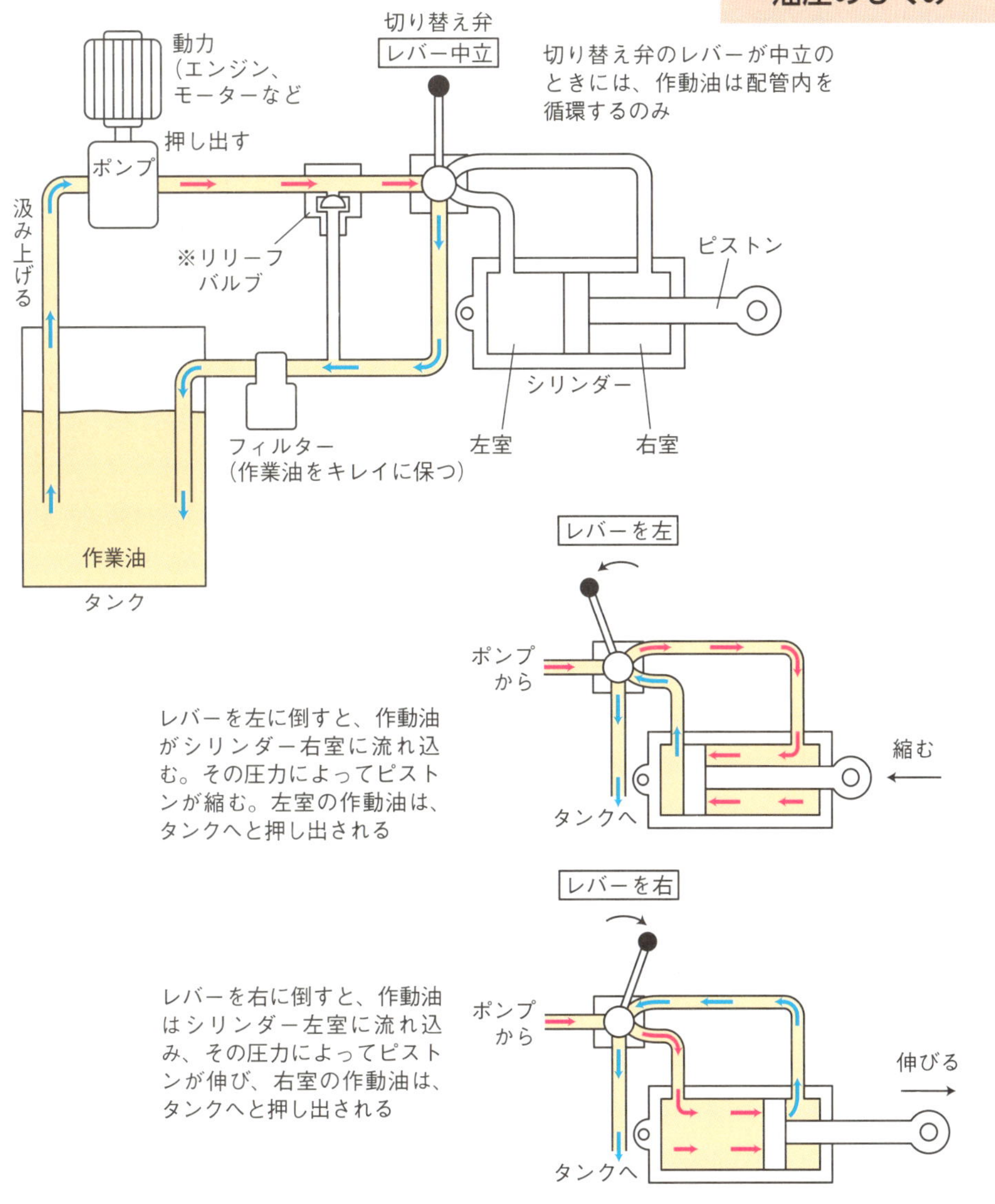
切り替え弁
レバー中立
切り替え弁のレバーが中立のときには、作動油は配管内を循環するのみ
動力
（エンジン、
モーターなど
押し出す
ポンプ
汲み上げる
※リリーフ
バルブ
ピストン
シリンダー
左室
右室
フィルター
（作業油をキレイに保つ）
作業油
タンク
レバーを左
ポンプから
タンクへ
縮む
レバーを左に倒すと、作動油がシリンダー右室に流れ込む。その圧力によってピストンが縮む。左室の作動油は、タンクへと押し出される
レバーを右
ポンプから
タンクへ
伸びる
レバーを右に倒すと、作動油はシリンダー左室に流れ込み、その圧力によってピストンが伸び、右室の作動油は、タンクへと押し出される

動力で回すポンプでタンクから作動油を汲み上げ、押し出すことで圧力をかける。その圧力のかかった作動油を配管で伝え、切り替え弁を介してシリンダーの左右に流し込むことでピストンの伸縮運動（作業）に変える

※リリーフバルブは、シリンダーに高い負荷がかかって配管内の圧力が高くなり過ぎたときに開き、作動油をタンクへと逃がす部品。これがないと、配管などが壊れる場合もあるので注意

薪割り機

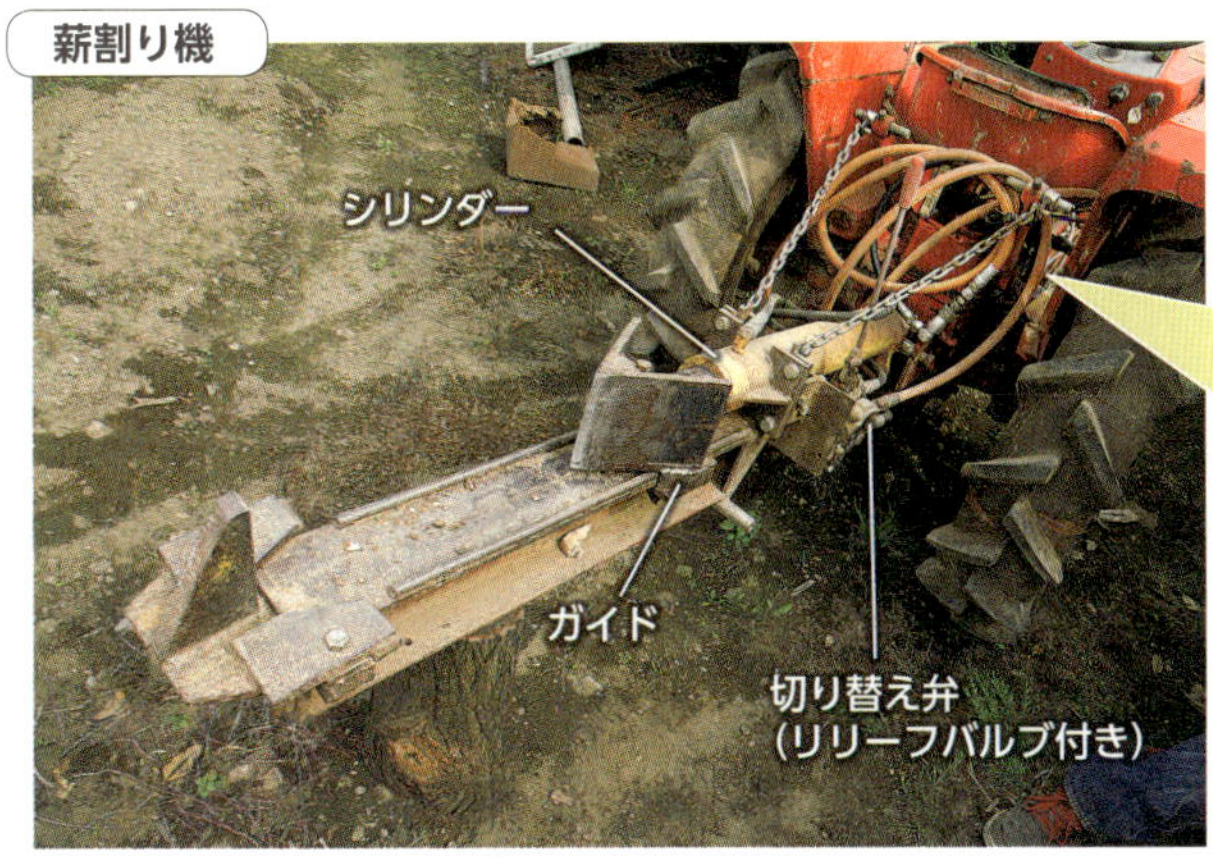
シリンダー
ガイド
切り替え弁
（リリーフバルブ付き）

トラクタから油圧の配管を取り出し、切り換え弁を介して直径8㎝のシリンダーに接続。刃と台を溶接して取り付けた。シリンダーから伸び縮みするピストンの先に付けた刃で薪を割る

油圧の取り出し部

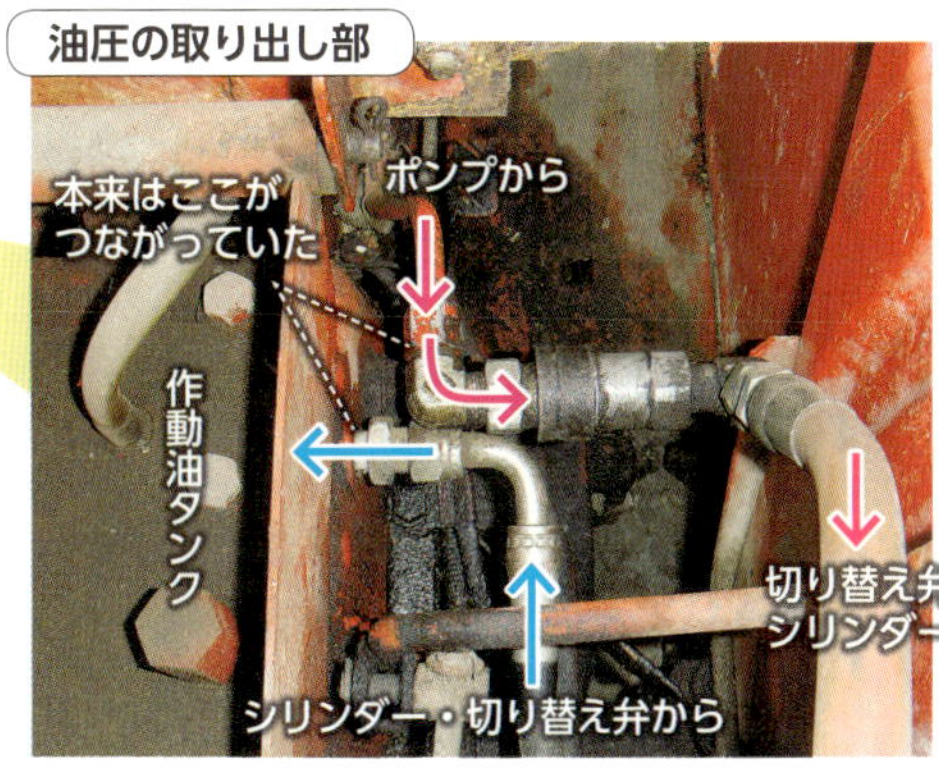
本来はここが
つながっていた
ポンプから
作動油タンク
切り替え弁・
シリンダーへ
シリンダー・切り替え弁から

ポンプからタンクへ向かう配管の接続部をバラしてエルボを取り付け、薪割り機へと向かう配管、タンクに戻ってくる配管を引き出せるようにした

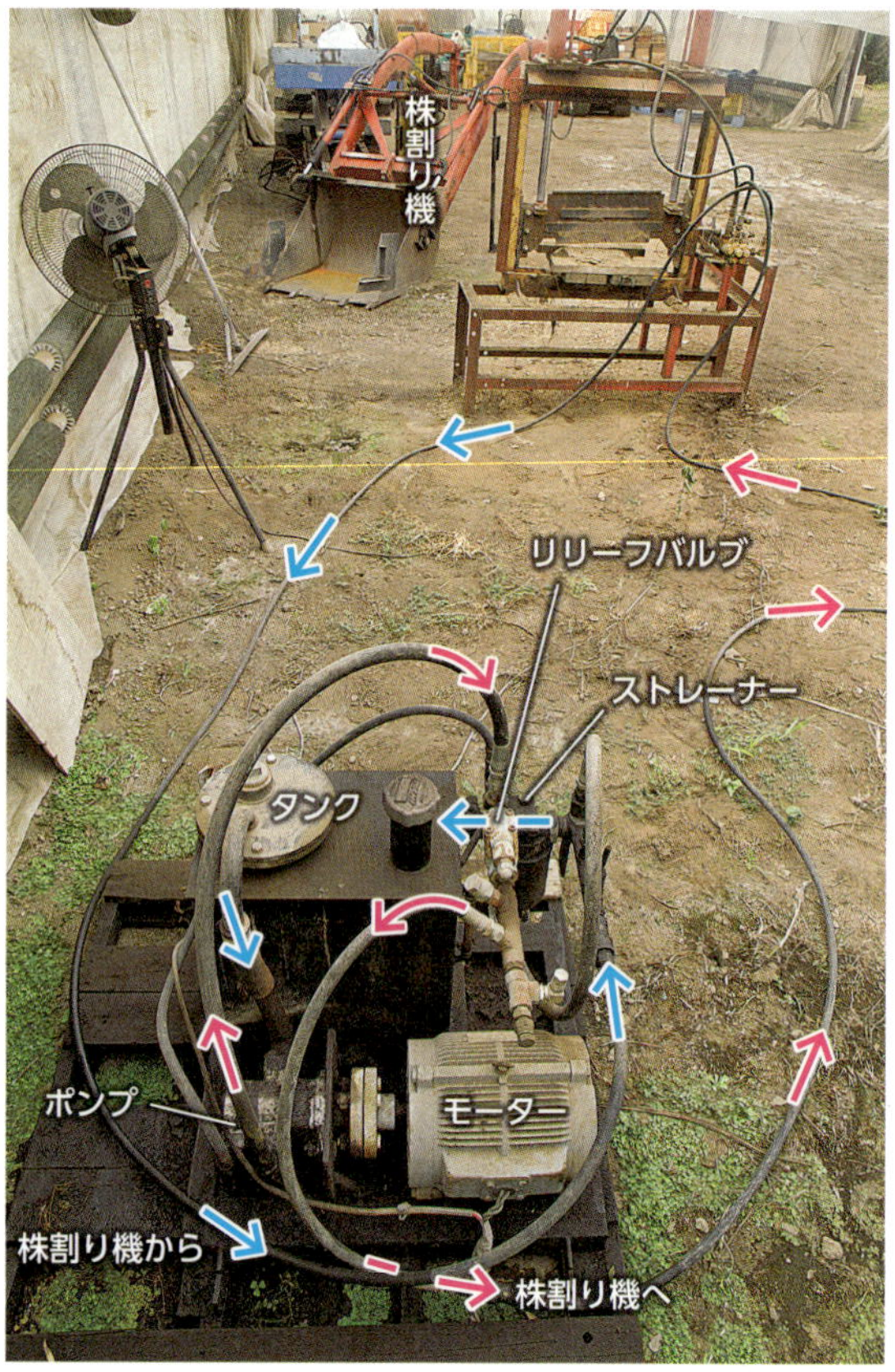

電動油圧ユニットとユキヤナギの株割り機

ユキヤナギの株運搬機。バックホーの走行部と油圧を利用。根を切った株をすくい上げ、運搬台に載せて運べる

シリンダーは必ず直線方向に動かす

薪割りは、掘ったり持ち上げたりする作業と比べても、より大きな力が必要な作業です。そこで、直径八㎝の太いシリンダーを選びました。薪を割る刃と台への取り付け部分は溶接してあります。大きな力がかかるところなのでしっかり溶接します。

刃が台に沿って動くようガイドを付けることも欠かせません。形の悪い薪や節のある薪を割ろうとすると、斜めに力がかかってくることがあります。シリンダーは、ピストンが伸びる直線方向に対する力にはとても強いのですが、斜めや横向きにかかってくる力には弱いのです。ガイドがないと、最悪折れてしまいます。

電動油圧ユニットを作ると便利

自宅では、この薪割り機を電動モーターでポンプを回す油圧ユニットにつなぎ替えて使用しています。大きなモーターで二連のポンプを回しているので流量も多く、トラクタの油圧使用と比べ静かで速く快適です。二〇〇Vの備わった農家なら、このようにモーターで手軽に使える油圧ユニットがあると便利です。廃品の油圧機械のポンプ、タンク、ストレーナーを利用すれば安く作ることができます。

古物屋とインターネットを活用

シリンダーやポンプなど油圧部品は高価なのが欠点です。そこで、古物屋とインターネットを活用すると助かります。重機類が多い古物屋を探しましょう。そういう古物屋は、油圧の知識も豊富です。実践的で役に立つことをよく知っています。どんなに古い機械の油圧部品でも性能は同じですから、古物から探すのが油圧部品を安く手に入れるコツです。自分が利用している機械は三〇年以上前のものもありますが、普通に動いています。

古いシリンダーはオイル漏れのときシール交換ができないのではと心配になるかもしれませんが、シールはピストンの寸法ごとに既定のものが使われています。そうした汎用品の利用でたいていの修理が可能です。交換にはシールを温め軟らかくして溝に押しこむなどのワザもあるのですが、そうしたことも古物屋で教えてもらいました。

以前はちょっとした油圧部品を購入できる専門店が少なかったのですが、今はインターネットで見つかります。農作業の中で不便さを感じ、それがゆっくりした大きな力の必要な作業だったら油圧の利用を考えてみてください。

*二〇一四年九月号「油圧を使いこなす　自作農機の大きな味方」

現代農業 特選シリーズ　DVDでもっとわかる 10

なるほど便利
手づくり農機具 アイデア集

2015年10月5日　第1刷発行

編者　一般社団法人　農山漁村文化協会

発行所　一般社団法人　農山漁村文化協会
〒107-8668　東京都港区赤坂7丁目6-1
電話　03（3585）1141（営業）　03（3585）1146（編集）
FAX　03（3585）3668　　振替　00120-3-144478
URL　http://www.ruralnet.or.jp/

ISBN978-4-540-15142-2
〈検印廃止〉

DTP制作／㈱農文協プロダクション
印刷・製本／凸版印刷㈱
乱丁・落丁本はお取り替えいたします。